シリーズ 基礎から学ぶスイッチング電源回路とその応用

第 ③ 巻

基礎から学ぶ 制御工学と 基本コンバータ回路

工学博士 谷口 研二 【著】

コロナ社

刊行のことば

　私たちの身のまわりはパワーエレクトロニクス（パワエレ）であふれている。実際，パワエレ技術は家電分野にとどまらず電力分野，産業分野，交通分野など，きわめて広い分野で使われている。今後，さらに電力効率が向上し，地球温暖化ガスの排出量の低減を通して持続可能な社会の実現につながることは間違いない。

　パワエレの要であるスイッチング電源回路（インバータやコンバータ）は，配電系の電力を負荷が必要とする電力形式（電圧や電流の振幅，周波数，相数など）に変換する役割を担っている。この電源回路は，組み込まれている部品の種類（半導体スイッチ，コイル，コンデンサ，トランス，制御 IC など）が多種多様であるため，パワエレ技術者は電気回路，半導体デバイス工学，制御理論，電子回路，熱伝導工学，実装技術，電磁気学など多岐にわたる知識が必要となる。なかでも，最近のパワエレ技術の爆発的な普及には，その頭脳にあたる制御用マイクロプロセッサの発展が大きく関わっている。制御 IC が低コストで提供され，スイッチング電源回路の普及が進むことで，ますます高度なディジタル処理技術の知識も必要になってきた。

　ところが，わが国の大学では縦割りの狭い学問分野に特化した専門教育が旧態依然として行われており，企業の技術者が直面する学問分野横断的な問題解決型の教育は必ずしも十分ではなかった。このような事情もあって，パワエレ技術者は経験豊富な先輩の下で OJT（on the job training）を 10 年間程度経験してやっと一人前になるといわれてきたが，習得に時間のかかる徒弟教育では進展の速いエレクトロニクス分野においては，とても世界に太刀打ちできない。

　筆者は OJT に代わる方法として，原理原則に基づく系統的なパワエレ教育の必要性を痛感し，双方のギャップを埋める橋渡し教材の作成を始めた。折し

ii 　刊　行　の　こ　と　ば

も NEDO「パワーエレクトロニクス技術に関する人材育成事業の展開」(平成28 年～31 年)の支援もあり,「パワエレ技術者塾」と銘打ってこの教材を用いた人材育成講座を実施した。その間,参加された企業技術者からいただいたフィードバックコメントを教材に反映させ,教材開発に生かした。

　この教材開発の経験をもとに,ここに「シリーズ 基礎から学ぶスイッチング電源回路とその応用」を刊行することにした。本シリーズは,「各種の技術分野で発現する現象は,基礎原理まで立ち戻ると類似の物理的イメージに集約されて,分野横断的に取り扱い可能」という基本的な考えの下で作成している。これらを意識しながら読み進めていただければ,記憶すべき知識も減って,パワエレ技術の壁の高さに辟易していた技術者もその理解が一層深まるものと確信する。

　「省エネ,省エネ」と叫ばれる時代。無駄なエネルギーを使わず,少しの努力で最大の効果を得るべく分野横断型の基礎学問の習得に重点を置いた勉強をして,しっかりと基礎を固めてより高いレベルで議論できるパワエレ技術者を目指してほしい。

　なお,本シリーズは以下の巻で構成されている。

　　　第1巻　基礎から学ぶ電気回路と電子回路
　　　第2巻　基礎から学ぶスイッチング電源の要素デバイス
　　　　　　　── パワー半導体デバイス,コンデンサ,インダクタ ──
　　　第3巻　基礎から学ぶ制御工学と基本コンバータ回路
　　　第4巻　基礎から学ぶコンバータ回路における EMI 対策
　　　第5巻　コンバータ回路の応用
　　　　　　　── 力率改善回路,LLC 回路,PSFB 回路,OBC 回路 ──
　　　第6巻　インバータ回路とモータの制御

　第1巻から第4巻まではおもに大学の電気工学科などで学習する基礎的な内容である。パワエレ技術の基盤を短期間に学習できるよう内容を厳選しているので,経験豊富な技術者も「学び直し」を通して,改めてパワエレ技術を見直すきっかけになることを期待している。

刊 行 の こ と ば　　*iii*

　第3巻と第4巻の後半部，ならびに第5巻と第6巻は大学院レベル学生や企業の技術者向けの技術内容を含んでいる。専門外の技術者には少し難しいと思われるが，専門分野の守備範囲を広げ，さらに高度なレベルで議論ができる技術者になるためにしっかりと学んでほしい。さらに本シリーズでは，パワエレ技術者塾の受講生からの要請のあった最先端技術，例えば GaN や SiC パワー半導体，スイッチング電源のディジタル制御，モータの DTC（direct torque control）などもそれぞれの巻に含めている。

　最後に，本シリーズの刊行にあたり，教材開発に協力いただいた一般社団法人 大阪大学工業会パワエレ技術者塾の東野秀隆先生，貴重なご意見をいただいた塾の外部諮問委員や企業派遣の受講生の方々と，多大なるご尽力を賜りましたコロナ社の方々に心から感謝の意を表します。

2023 年 10 月

谷口　研二

ま　え　が　き

　ノートパソコンやスマートフォンを家庭の壁コンセント（実効値 100 V の交流）に直接接続すると，これらの機器は発火・発煙して壊れる。電子機器の正常な動作には，それぞれの機器に合った AC アダプタのようなコンバータが必要である。英語の convert を語源としたコンバータは，直流（DC）や交流（AC）を直流に変換する電源回路であり，変換元の電源形態に応じて DC-DC コンバータ，AC-DC コンバータと呼ばれている。電子機器の多機能化・ディジタル化の進展に伴って，半導体素子のオン・オフ機能に基づくコンバータが複数搭載されている機器も増加傾向にある。

　コンバータは，外乱による出力電圧や電流の急変があっても，パワー半導体素子のオン・オフのタイミングを調整して所定の出力電圧を維持する制御機構が重要である。この制御機構に関する理論は，スイッチング電源に限らず，ロボットや車などを自在に動かすために必要な学問である。最近は，シミュレータを使って試行錯誤を繰り返せば，一応，コンバータ設計ができるので，制御理論の学習を疎かにしがちであるが，「制御理論」を理解してシステム設計をすると，無駄な試行錯誤を大幅に削減できる。また，所望の動作をしないコンバータの多くは制御系に問題を抱えていることが多いので，電源回路の設計者は制御理論を熟知しておくことが大切である。

　制御理論発展の歴史を振り返ると，「古典制御」の全盛期であった 1930 ～ 1950 年，システム動作を記述する微分方程式をラプラス変換した伝達関数を基に，システムの動作安定性，時間応答や周波数応答などが詳細に研究されてきた。そのなかでも，「ナイキストの安定判別法」（フィードバック制御系の安定性を判別する方法の一つ）はスイッチング電源回路設計の基盤になっている。

　マイクロプロセッサが登場してきた 1960 年代以降は，システムの状態変数

の時間推移を逐次計算する「現代制御」も研究されてきたが，コンバータの制御には今日なお「古典制御」が多用されていることから，本書では制御の範囲を「古典制御」に限定して説明する。

1～5章では，基礎的なレベルから「古典制御」を詳しく解説する。

2章では「古典制御」で重要な伝達関数を説明し，3章では負帰還によるシステム制御，その過渡応答やシステムの安定性を説明する。続いて，4章では最適な制御系の選択に使用する根軌跡法，5章では伝達関数が不明確なシステムに適用するPID制御について簡単に説明する。

なお，2章には，制御工学で頻繁に使われるボード線図に関する練習問題を設けて，3章以降の帰還システムの安定動作の説明が理解しやすくなるよう配慮した。

専門外の技術者にとって数学的な記述の多い制御工学は難しい学問と思われがちであるが，本書で例題や練習問題を解きながら制御の考え方を学び取り，地道に復習を繰り返しながら制御工学の本質を理解してほしい。

6章では代表的なDC-DCコンバータの基本回路を取り上げ，その動作概要を説明し，7章ではコンバータのパワー段の小信号等価回路モデルを導出し，それを使って8章では絶縁型，非絶縁型などの各種コンバータの伝達関数を導く。9章と10章ではループ補償回路と負帰還を実用的なコンバータ回路に適用して，その動作の安定性を検証する。11章のリップルベース制御は，極低電力（スタンバイ）状態からフル稼働モードにまで瞬時に移行するプロセッサ用電源に使用されている制御法であり，バッテリーを使うスマートフォンやノートパソコンなどでは必須の技術になっている。

なお，本巻では，寄生容量や配線インダクタンスなどの影響がない理想的なスイッチング電源回路を例にして制御の理解を目指す。寄生効果を含めたコンバータの動作解析については，本シリーズ第4巻を参照されたい。

2024年7月

谷口　研二

目　　　次

1．古 典 制 御

1.1　システムの伝達関数 ……………………………………………… 2

1.2　極 の 最 適 配 置 ……………………………………………… 7

1.3　支　　配　　極 ……………………………………………… 8

2．ボ ー ド 線 図

2.1　交流入力信号に対する過渡応答 …………………………………… 11

2.2　伝達関数（周波数特性）のベクトル軌跡と極座標表記 ……………… 13

2.3　ボ ー ド 線 図 ………………………………………………… 15

　　2.3.1　伝達関数の周波数応答 ……………………………………… 16

　　2.3.2　零を含む伝達関数の周波数応答 …………………………… 20

　　練　習　問　題 …………………………………………………… 25

3．負帰還（フィードバック）

3.1　負帰還システムの伝達関数 ………………………………………… 26

3.2　ブロック線図の合成法 ……………………………………………… 27

3.3　フィードバック制御 ………………………………………………… 32

3.4　システムの動作安定性の判別法 …………………………………… 33

　　3.4.1　ラウスの安定判別法 ……………………………………… 33

　　3.4.2　ナイキストの安定判別法 ………………………………… 36

3.5　ル ー プ 補 償 ………………………………………………… 40

3.6　指 令 値 追 随 性 ………………………………………………… 46

viii　　目　　　　次

3.7　コンバータに適した開ループ伝達関数 ················· 49

3.8　外乱・ノイズの抑制 ······································· 52

　3.8.1　外乱・ノイズの影響 ································· 52

　3.8.2　二自由度制御系による指令値への追従性の改善 ········ 53

4.　根　軌　跡　法

4.1　根軌跡の描画法 ··· 54

4.2　根軌跡のイメージ ······································· 60

4.3　根軌跡法の活用例 ······································· 62

5.　PID　　制　　御

5.1　PID 制御の概要 ··· 66

5.2　パラメータ調整法 ······································· 67

5.3　PID 制御器の周波数特性 ································· 69

6.　コンバータの種類

6.1　非絶縁型コンバータ ····································· 74

　6.1.1　降圧コンバータ ····································· 74

　6.1.2　昇圧コンバータ ····································· 82

　6.1.3　極性反転コンバータ ································· 89

6.2　絶縁型コンバータ ······································· 93

　6.2.1　フライバックコンバータ ··························· 94

　6.2.2　フォワードコンバータ ····························· 100

　6.2.3　絶縁型コンバータのまとめ ························· 102

7.　パワー段の伝達関数

7.1　PWM スイッチの小信号等価回路 ························· 104

7.2　連続伝導モード（CCM）におけるパワー段の伝達関数 ······ 107

　7.2.1　降圧コンバータ ····································· 107

目　　　　次　ix

　　7.2.2　昇圧コンバータ ……………………………………………… 112
　　7.2.3　各種コンバータの伝達関数 ………………………………… 117
7.3　不連続伝導モード（DCM）の伝達関数 …………………………… 121
　　7.3.1　DCM-PWM スイッチの小信号等価モデル ………………… 121
　　7.3.2　DCM の降圧コンバータの伝達関数 ……………………… 124
　　7.3.3　各種 DCM 動作コンバータの伝達関数 …………………… 125
7.4　絶縁型コンバータの伝達関数 ……………………………………… 127
　　7.4.1　フライバックコンバータの伝達関数 ……………………… 127
　　7.4.2　フォワードコンバータの伝達関数 ………………………… 128

8.　ループ補償回路

8.1　ループ補償回路 ……………………………………………………… 134
8.2　極・零対の導入による位相ブースト ……………………………… 136
8.3　ループ補償回路の設計手順 ………………………………………… 138
8.4　Type-2 のループ補償回路 …………………………………………… 139
8.5　Type-3 のループ補償回路 …………………………………………… 142

9.　電圧モード制御

9.1　電圧モード制御系の回路構成 ……………………………………… 146
　　9.1.1　PWM の伝達関数 …………………………………………… 148
　　9.1.2　電圧モード制御の開ループ伝達関数 ……………………… 148
　　9.1.3　降圧コンバータの開ループ伝達関数 ……………………… 149
9.2　降圧コンバータの各種閉ループ伝達関数 ………………………… 152
　　9.2.1　入出力間の伝達関数 ………………………………………… 152
　　9.2.2　出力インピーダンス ………………………………………… 153

10.　電流モード制御

10.1　電流モード制御 ……………………………………………………… 158
10.2　開ループ伝達関数 …………………………………………………… 160

x　　目　　　　次

10.3　電流モード制御システムの安定性……………………………………162
　　10.3.1　コンバータの安定動作条件……………………………………162
　　10.3.2　電圧モード制御ループの周波数特性…………………………163
　　10.3.3　二重帰還による安定なシステム動作…………………………166
10.4　電流モード制御の回路方式……………………………………………167
　　10.4.1　ピーク電流モード制御回路……………………………………167
　　10.4.2　平均電流モード制御回路………………………………………178

11.　リップルベース制御

11.1　コンスタントオンタイム制御…………………………………………182
　　11.1.1　リップル検出回路………………………………………………185
　　11.1.2　スイッチング周波数……………………………………………189
11.2　ヒステリシス制御………………………………………………………191
　　11.2.1　基　本　動　作…………………………………………………192
　　11.2.2　スイッチング動作周波数………………………………………194
　　11.2.3　改良版ヒステリシス制御………………………………………196
11.3　リップルベース制御法のまとめ………………………………………198

付　　　　録

　　A.　DCM モードの PWM スイッチのモデル……………………………200
　　B.　適正に配置した零と極を持つループ補償回路の位相ブースト……201

引用・参考文献…………………………………………………………………202
練習問題解答……………………………………………………………………204
索　　　　引……………………………………………………………………208

‖‖コーヒーブレイク‖‖‖‖‖‖‖‖‖‖‖‖‖‖‖‖‖‖‖‖‖‖‖‖‖‖‖‖‖‖‖‖

ampere-second balance と volt-second balance………………………………84
トランスのドット（•）について……………………………………………95

‖‖‖

1. 古典制御

「古典制御」はその名称から，過去に使われていた古い制御法と思われがちであるが，発表から100年近く経った今日でもスイッチング電源の多くはこの手法が使われている。

古典制御システムでは，信号伝達の経路や伝達状況を視覚的に示す**図1.1**のブロック線図が用いられる。多くの制御システムは，被制御システム $G(s)$ と制御装置 $C(s)$，フィードバック経路で構成される。伝達関数 $C(s)$, $G(s)$ の括弧内の s はラプラス変換の微分演算子である。

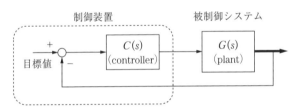

図1.1 フィードバック制御システムの基本構成

制御システムの例として自動車運転を取り上げると，$G(s)$ が自動車，$C(s)$ が運転手に対応する。被制御システム $G(s)$ を自在に動かすには，まず系全体の安定動作を担保したうえで，被制御システムの伝達関数 $G(s)$ を基に，制御装置（制御アルゴリズム：数式モデル）$C(s)$ の選択やパラメータを調整して，① 迅速応答性，② 外乱抑制，などの最適化を図る。

なお，被制御システムとしては，自動車以外にも化学プラント，ロボット，スイッチング電源などさまざまであるが，被制御対象が違っても制御方法は共通している。

1.1 システムの伝達関数

　コンバータの制御に先立ち，電気回路を例に，入力信号に対する被制御対象の出力応答を考える。

　本シリーズ第1巻で説明しているように，線形システムの応答特性は伝達関数で表される。図1.2（a）の回路例では，式（1.1）の伝達関数に単位ステップ電圧（$X(s)=1/s$）を入力すると，出力は式（1.2）の $Y(s)=G(s)X(s)$ となる。その逆ラプラス変換から式（1.3）の出力波形 $y(t)$ が得られる。

$$G(s) = \frac{1}{1+sCR} = \frac{1}{CR} \frac{1}{s+\frac{1}{CR}} \tag{1.1}$$

$$Y(s) = G(s)X(s) = \frac{1}{1+sCR} \frac{1}{s} \tag{1.2}$$

$$y(t) = 1 - e^{-\frac{t}{RC}} \tag{1.3}$$

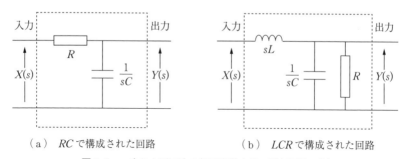

（a）RCで構成された回路　　（b）LCRで構成された回路

図1.2　一次および二次の伝達関数を持つ電気回路の例

　この例では，極（伝達関数の分母が零になる s の値）が負の実数（$-1/CR$）であり，出力応答 $y(t)$ は式（1.3）のように，時定数 RC で指数関数的に最終値に漸近していく。

　図1.2（b）の LCR 回路の例（コンバータのパワー段の基本形）では，その伝達関数（式（1.4））の分母が s の二次関数になる。

1.1 システムの伝達関数 **3**

$$G(s) = \frac{\dfrac{1}{sC} // R}{sL + \left(\dfrac{1}{sC} // R \right)} = \frac{1}{s^2 LC + s\dfrac{L}{R} + 1} \tag{1.4}$$

　出力負荷の R 値が大きいと極は共役複素数になる。出力応答 $y(t)$ は入力 $x(t)$ と回路固有の伝達関数との合成（畳み込み）で表される。入力がインパルス（$X(s)=1$）のとき，出力 $Y(s)$ は回路の応答特性 $G(s)$ となる（$Y(s)=G(s)$）。例えば，$G(s)$ の極が複素数平面の左半面にある共役複素数だと，出力は振動しながら減衰する。極が負の実数ならば式 (1.3) と同様，指数関数的に減衰する出力特性となる。

[参考]　回路固有の特性（伝達関数）は，入力した刺激（インパルス：$X(s)=1$）の応答から判断できる。指で茶筒を軽くたたくと，その内容物（砂，粉，水）が推定できるのと同じ原理である。

　伝達関数 $G(s)$ の分母が s に関する二次式の場合，式 (1.5) のように ζ と ω_n を含む形式で表すこともある。図1.2 (b) の例では，入力の種類によらず，出力には回路定数から決まる自然角周波数 $\omega_n = 1/\sqrt{LC}$ を含む特性振動項が見られる（$0 < \zeta < 1$）。

$$G(s) = \frac{\omega_n^2}{s^2 + 2\zeta\omega_n s + \omega_n^2} \tag{1.5}$$

　式 (1.5) のインパルス応答（逆ラプラス変換）は，**図1.3** (a) 上欄に示す式で表される。分母の極（式 (1.5) の分母 $=0$ の根）が共役複素数であれば，回路は固有の振動（ω_n：自然角周波数）を繰り返しながら減衰する（図1.3 (b) の実線）。ちなみに，極が複素数平面の右半面（正の実数領域）にあると，伝達関数の出力は時間の進行とともに増大して最終的には発散する[†]。言い換えると，すべての極を複素数平面の左半面（負の実数領域）に配置すれば，システムは安定に動作する。

　伝達関数の分子が s の一次式の場合（図1.3 (a) 下欄），逆ラプラス変換すると $\sin$ が $\cos$ に入れ替わることから，インパルス応答は図1.3 (b) の破線の

---

† 極が複素数平面の右半面にあると，システムは数学的に無限大に発散するが，実際のコンバータでは，出力が電源電圧の上限もしくは下限値で制限される。

4　　1. 古 典 制 御

$G(s)$	インパルス応答
$\dfrac{\sqrt{1-\zeta^2}\,\omega_n}{s^2+2\zeta\omega_n s+\omega_n^2}$	$e^{-\zeta\omega_n t}\sin\sqrt{1-\zeta^2}\,\omega_n t$ $0<\zeta<1$
$\dfrac{s+\zeta\omega_n}{s^2+2\zeta\omega_n s+\omega_n^2}$	$e^{-\zeta\omega_n t}\cos\sqrt{1-\zeta^2}\,\omega_n t$ $0<\zeta<1$

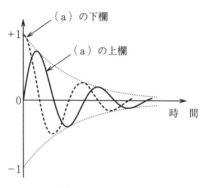

（a）二次の伝達関数 $G(s)$ とそのインパルス応答　　　（b）出力応答波形

図1.3　二次の伝達関数 $G(s)$ のインパルス応答関数とその波形

ように位相が90°ずれる。このことは，分子の s の有無は位相のずれを生じるだけで，その出力波形の振動の様子は伝達関数 $G(s)$ の分母で決まることを意味している。

すべての伝達関数 $G(s)$ は，s に関する一次と二次の伝達関数に展開できる（部分分数展開）ことから，式 (1.1) と式 (1.5) のラプラス変換・逆ラプラス変換を使ってそのシステムの動作が記述できる。

例題 1.1

伝達関数 $G(s)$ の回路にステップ電圧を入力したときの出力応答を求めて，それをグラフに描きなさい。また，出力のオーバーシュートが2%以内に収まるまでのセトリング時間 T_{st} を概算しなさい。

$$G(s)=\frac{\omega_n^2}{s^2+2\zeta\omega_n s+\omega_n^2} \qquad 0<\zeta<0.8$$

【解答】

$$Y(s)=G(s)X(s)=\frac{\omega_n^2}{s^2+2\zeta\omega_n s+\omega_n^2}\frac{1}{s}=\left(\frac{1}{s}-\frac{s+2\zeta\omega_n}{s^2+2\zeta\omega_n s+\omega_n^2}\right)$$

$$=\frac{1}{s}-\frac{s+\zeta\omega_n}{s^2+2\zeta\omega_n s+\omega_n^2}-\frac{\sqrt{1-\zeta^2}\,\omega_n}{s^2+2\zeta\omega_n s+\omega_n^2}\frac{\zeta}{\sqrt{1-\zeta^2}}$$

1.1 システムの伝達関数

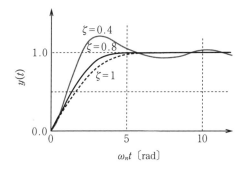

$$\therefore \quad y(t) = 1 - e^{-\zeta\omega_n t}\cos\sqrt{1-\zeta^2}\,\omega_n t - e^{-\zeta\omega_n t}\sin\left(\sqrt{1-\zeta^2}\,\omega_n t\right)\frac{\zeta}{\sqrt{1-\zeta^2}}$$

$$= 1 - \frac{e^{-\zeta\omega_n t}}{\sqrt{1-\zeta^2}}\left(\sqrt{1-\zeta^2}\cos\sqrt{1-\zeta^2}\,\omega_n t + \zeta\sin\sqrt{1-\zeta^2}\,\omega_n t\right)$$

$$= 1 - \frac{e^{-\zeta\omega_n t}}{\sqrt{1-\zeta^2}}\sin\left(\sqrt{1-\zeta^2}\,\omega_n t + \theta\right) \qquad \theta = \cos^{-1}\zeta$$

$$誤差 = \frac{e^{-\zeta\omega_n t}}{\sqrt{1-\zeta^2}}\sin\left(\sqrt{1-\zeta^2}\,\omega_n t + \theta\right) \le \frac{e^{-\zeta\omega_n t}}{\sqrt{1-\zeta^2}}$$

である。
$\zeta<0.8$ の場合,$1.0>\sqrt{1-\zeta^2}>0.6$ なので,誤差はほぼ $e^{-\zeta\omega_n t}$ 以下とみなせる。

$$\therefore \quad e^{-\zeta\omega_n t}<0.02 \quad \rightarrow \quad \zeta\omega_n t>3.91 \quad \rightarrow \quad T_{\mathrm{st}} \fallingdotseq \frac{4}{\zeta\omega_n}$$

∎

例題 1.2

例題 1.1 の回路にステップ電圧を入力したとき,最初のピークが現れるまでの時間 t_{1p} を ω_n と ζ を用いて表しなさい。

【解答】

例題 1.1 の $G(s)=\dfrac{\omega_n^2}{s^2+2\zeta\omega_n s+\omega_n^2}$,$X(s)=\dfrac{1}{s}$ より,$Y(s)=G(s)X(s)$ である。
本シリーズ第 1 巻で説明している微分のラプラス変換を適用すると,次式が得られる。

$$\mathcal{L}\left\{\frac{\mathrm{d}y(t)}{\mathrm{d}t}\right\} = sY(s) = \frac{\omega_n^2}{s^2+2\zeta\omega_n s+\omega_n^2}$$

図 1.3(a)の上欄を参考にすると,次式が得られる。

$$\frac{dy(t)}{dt} = \frac{\omega_n}{\sqrt{1-\zeta^2}} e^{-\zeta\omega_n t}\sin\left(\sqrt{1-\zeta^2}\,\omega_n t\right)$$

$$\frac{dy(t)}{dt} = 0 \;\rightarrow\; t_{1p} \fallingdotseq \frac{\pi}{2\omega_n\sqrt{1-\zeta^2}}$$

■

二次の伝達関数 $G(s)$ の ζ が 1 以下だと，式 (1.5) の極は共役複素数（式 (1.6)）になる．

$$s^2 + 2\zeta\omega_n s + \omega_n^2 = 0$$

$$\text{極}: -\zeta\omega_n \pm j\omega_n\sqrt{1-\zeta^2} \tag{1.6}$$

極の絶対値は ω_n であることから，極は複素数平面上で原点を中心とする半径 ω_n の半円（左半平面）上にある（**図 1.4**）。ζ が 0 から 1 に増加すると，極は半円上をたどって虚数軸から離れていく．

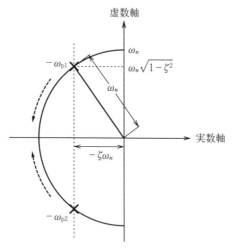

図 1.4 伝達関数（式 (1.5)）の共役複素数の極 $(-\omega_{p1}, -\omega_{p2})$ の複素数平面上の位置（破線の矢印は ζ の増加に伴う極（×印）の移動方向を表す）

例題 1.2 の伝達関数 $G(s)$ のステップ応答 $y(t)$ の結果（$T_{st} \fallingdotseq 4/\zeta\omega_n$）より，ζ の小さな（虚数軸に近い）極を有する伝達関数のシステムでは，出力が落ち着くまで振動が長時間続くことは例題 1.1 の図からもわかる．

1.2 極の最適配置

例題1.1と図1.3（b）から，虚数軸に近い極（$\zeta \ll 1$）を持つ伝達関数のステップ応答は，振動が大きく最終値に落ち着くまでに時間がかかる。また，$\zeta > 1$では応答が遅くなるため，過渡応答を迅速に収束させるには，ζの値を0.5～0.8の範囲で設計することが望ましい（例題1.1参照）。

さらに，例題1.1の結果より，二次の伝達関数のステップ応答の収束は極の実数部の値（$-\zeta\omega_n$）で決まるので，収束制限時間 T_{st} 内に偏差を2%以内に抑えるには，$\zeta\omega_n > 4/T_{st}$ になるよう極の実数部（$-\zeta\omega_n$）を虚数軸から一定の距離（$4/T_{st}$）以上離す（極の適正配置は図1.5の灰色の領域）ことが肝要である。ステップ関数以外の入力信号の場合でも同様に，伝達関数の極を虚数軸から離すと迅速に収束する。

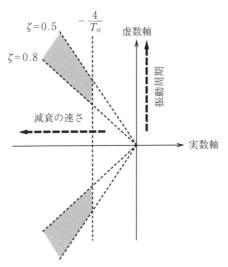

図1.5 応答を T_{st} 以内に収束させるために配置すべき極の領域（灰色部）

1.3 支配極

安定動作をするシステムの伝達関数 $G(s)$ のすべての極（$-\omega_{pi}$）は，**図1.6**（a）に示すように，複素数平面上の左半平面にある。この伝達関数 $G(s)$ の単位ステップ応答を逆ラプラス変換すると式 (1.8) となる。

$$Y(s) = G(s)\frac{1}{s} = \frac{A_1}{s+\omega_{p1}} + \cdots + \frac{A_n}{s+\omega_{pn}} + \frac{A_0}{s} \tag{1.7}$$

$$y(t) = A_1 e^{-\omega_{p1}t} + \cdots + A_n e^{-\omega_{pn}t} + A_0 \tag{1.8}$$

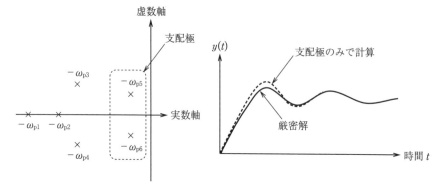

（a）複素数平面上の極（×）配置例　　（b）ステップ応答の例（イメージ図）

図1.6 ステップ応答の収束性は伝達関数の支配極で律速される

式 (1.8) より，虚数軸に最も近い極（支配極（dominant pole））がシステム応答に最後まで影響することから，図1.6（a）の破線枠内にある支配極を考慮するだけでもシステムの過渡応答収束性の概要を把握することができる（支配極の A 値が異常に小さい場合を除く）。

例題 1.3

以下の LCR 回路の伝達関数 $G(s)$ を求めて，それぞれの極の値から回路特性が減衰振動する R の範囲を示しなさい。また，零の値を示しなさい。

（1）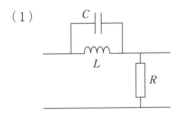

（2）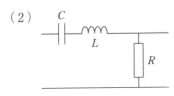

【解答】
　回路特性が減衰振動する条件は複素共役の極が存在することであり，伝達関数 $G(s)$ の分母の判別式 <0 が条件となる。

（1）　$G(s) = \dfrac{R}{\dfrac{1}{sC} // sL + R} = \dfrac{R}{\dfrac{\dfrac{1}{sC} sL}{\dfrac{1}{sC} + sL} + R} = \dfrac{R\left(\dfrac{1}{sC} + sL\right)}{\dfrac{L}{C} + R\left(\dfrac{1}{sC} + sL\right)} = \dfrac{R(1 + s^2 LC)}{sL + R(1 + s^2 LC)}$

　　$sL + R(1 + s^2 LC) = 0 \rightarrow$ 極：$s_p = \dfrac{-L \pm \sqrt{L^2 - 4R^2 LC}}{2LCR}$

　　判別式：$D = L^2 - 4R^2 LC < 0 \qquad R > \dfrac{1}{2}\sqrt{\dfrac{L}{C}}$

　　伝達関数 $G(s)$ の分子が零になる s の値（零）：$s_z = \pm \dfrac{j}{\sqrt{LC}}$

（2）　$G(s) = \dfrac{R}{\dfrac{1}{sC} + sL + R} = \dfrac{sCR}{1 + sC(sL + R)}$

　　$1 + sC(sL + R) = 0 \rightarrow$ 極：$s_p = \dfrac{-CR \pm \sqrt{(CR)^2 - 4CL}}{2LC}$

　　判別式：$D = (CR)^2 - 4CL < 0 \qquad R < 2\sqrt{\dfrac{L}{C}}$

10   1. 古 典 制 御

伝達関数 $G(s)$ の分子が零になる s の値（零）：$s_z = 0$

例題 1.4

図に示す伝達関数 $G(s)$ に単位ステップ信号を入れた場合の初期値，最終値を求めなさい。

$$X(s) = \frac{1}{s} \longrightarrow \boxed{G(s)} \longrightarrow Y(s)$$

$$G(s) = \frac{1}{s^2 + 3s + 2}$$

【解答】

$Y(s) = G(s)\dfrac{1}{s}$ をラプラス変換の初期値定理，最終値定理に基づいて計算する。

（1）　初期値：$y(0) = \lim_{s \to \infty} s\,Y(s) = \lim_{s \to \infty} s\,\dfrac{1}{s^2 + 3s + 2}\dfrac{1}{s} = 0$

（2）　最終値：$y(\infty) = \lim_{s \to 0} s\,Y(s) = \lim_{s \to 0} s\,\dfrac{1}{s^2 + 3s + 2}\dfrac{1}{s} = \dfrac{1}{2}$

2. ボード線図

制御システムの設計段階では，システム動作の安定性の担保が最優先される。本章では，安定性の判定に使用するボード線図（ゲイン線図と位相線図の組み合わせ）の描き方を説明する。

スイッチング電源回路の設計者は，このボード線図の描き方とそれが持つ意味をしっかり理解しておく必要がある。

2.1 交流入力信号に対する過渡応答

図 2.1 のように任意の伝達関数 $G(s)$ を持つシステムに角周波数 ω の正弦波を入力すると，出力応答 $Y(s)$ は正弦波のラプラス変換 $E/(s-j\omega)$ と伝達関数 $G(s)$ の積となる。

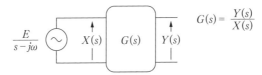

図 2.1 交流信号 $X(s)$ をシステム $G(s)$ に入力した際の出力 $Y(s)$

出力 $Y(s)$ は部分分数展開して，式 (2.1) の最右辺の第 1 項（強制項）$A/(s-j\omega)$ とそれ以外の項とに分けられる。A, B は係数である。

$$Y(s) = \frac{E}{s-j\omega} G(s) = \frac{A}{s-j\omega} + BF(s) \tag{2.1}$$

式 (2.1) の強制項の実数部 $\dfrac{s}{s^2+\omega^2}A$ と虚数部 $\dfrac{\omega}{s^2+\omega^2}A$ は，逆ラプラス変換によってそれぞれ $A\sin\omega t$ と $A\cos\omega t$ になる（図 1.3（a）参照）。最右辺の第

12   2. ボ ー ド 線 図

2項は入力信号を加えてから十分に時間を経過すると零になる回路固有の過渡応答項なので，交流解析では式 (2.1) の第1項のみが使われる。

例題 2.1

伝達関数 $G(s) = \dfrac{2}{s+2}$ の回路に余弦波 $x(t) = \cos 2t$ を時刻 $t = 0$ で入力したときの出力 $y(t)$ を求めなさい。

【解答】

$$Y(s) = G(s)X(s) = \frac{2}{s+2}\frac{2}{s^2+4} = \frac{1}{2}\left(\frac{2}{s^2+4} - \frac{s}{s^2+4} + \frac{1}{s+2}\right)$$

$$y(t) = \frac{1}{2}\left(\sin 2t - \cos 2t + e^{-2t}\right) = \frac{1}{2}\left(\sqrt{2}\sin\left(2t - \frac{\pi}{4}\right) + e^{-2t}\right)$$

$$= \frac{1}{\sqrt{2}}\sin\left(2t - \frac{\pi}{4}\right) + \frac{1}{2}e^{-2t} \tag{1}$$

右辺の第1項が余弦波入力に対する定常解（強制項），第2項は時間とともに減衰する回路固有の過渡応答特性である。

■

例題 2.2

伝達関数 $G(s) = \dfrac{1}{s+1}$ の回路に余弦波 $x(t) = \cos t$ を時刻 $t = 0$ で入力したときの出力 $y(t)$ を求めなさい。

【解答】

$$Y(s) = G(s)X(s) = \frac{1}{s+1}\frac{s}{s^2+1} = \frac{1}{2}\left(\frac{s+1}{s^2+1} - \frac{1}{s+1}\right)$$

$$y(t) = \frac{1}{\sqrt{2}}\cos\left(t - \frac{\pi}{4}\right) - \frac{1}{2}e^{-t}$$

■

例題 2.1 や例題 2.2 の結果より，入力信号を加えてから十分に時間が経つと，指数関数項はすべて零になる。このような安定なシステムでは，式 (2.1) の最右辺の第1項が交流解析の定常解となる。

なお，式 (2.1) の係数 A の値は，式 (2.1) の両辺に $s - j\omega$ を乗じた式 (2.2)

より求められる。

$$EG(s) = A + BF(s)(s - j\omega) \tag{2.2}$$

$$A = EG(j\omega) \tag{2.3}$$

式 (2.1) に式 (2.3) を代入すると入力 $Ee^{j\omega t}$ に対する定常解（式 (2.4)）が得られる。

$$y(t) = G(j\omega)Ee^{j\omega t} \tag{2.4}$$

複素伝達関数 $G(j\omega)$ には，交流解析に使われる利得と位相差の情報が含まれている。

一例として，**図 2.2** の伝達関数 $G(s)$ の回路に単位振幅の交流信号 $\cos\omega t$ を入力すると，式 (2.4) より，出力応答は $|G(j\omega)|\cos(\omega t - \theta)$ の破線となる。すなわち，出力信号は入力に対して位相が θ 遅れ，振幅（利得）は $|G(j\omega)|$ 倍になる。位相遅れ θ，振幅利得 $|G(j\omega)|$ ともに角周波数 ω の関数である。一般に，周波数が高いと図 2.2 の下図のように入力信号（実線）に対する出力信号（破線）は小振幅になり，位相も遅れる傾向が見られる。

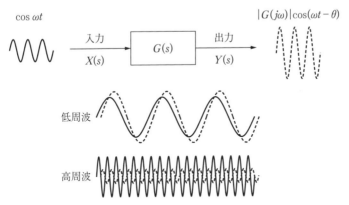

図 2.2 交流信号（実線）を入力したシステム $G(s)$ の出力波形（破線）例

2.2 伝達関数（周波数特性）のベクトル軌跡と極座標表記

システム動作の安定性は $G(j\omega)$ を用いて判定できる（3.4 節参照）。本節で

2. ボード線図

は，その準備として，① $G(j\omega)$ を複素数平面にプロットしたベクトル軌跡と② ボード線図（利得や位相の周波数依存性の図）の描き方を説明する。

ベクトル軌跡は，複素数平面上で伝達関数 $G(j\omega)$ の先端がたどる軌跡である。例題 2.3 に示す簡単な伝達関数の例を基にベクトル軌跡のイメージを理解されたい。

例題 2.3

伝達関数 $G_1(s) = \dfrac{1}{s}$ と $G_2(s) = \dfrac{1}{s+1}$ のベクトル軌跡を図示しなさい。

【解答】

（1） $s \rightarrow j\omega$ $\quad G_1(j\omega) = \dfrac{1}{j\omega} \rightarrow |G_1(j\omega)| = \dfrac{1\,000}{\omega}$ $\quad \theta = -\dfrac{\pi}{2}$

（2） $s \rightarrow j\omega$ $\quad G_2(j\omega) = \dfrac{1}{j\omega + 1} = \dfrac{-j\omega + 1}{\omega^2 + 1}$

実数部と虚数部の間に

$$\left(\dfrac{1}{\omega^2+1} - \dfrac{1}{2}\right)^2 + \left(\dfrac{-\omega}{\omega^2+1}\right)^2 = \left(\dfrac{1}{2}\right)^2$$

ベクトル軌跡は中心 $\left(\dfrac{1}{2}, j0\right)$，半径 $\dfrac{1}{2}$ の円周上となる。

$|G_2(j\omega)| = \dfrac{1}{\sqrt{\omega^2+1}}$ $\quad \theta = -\tan^{-1}\omega$

灰色線は $G_1(s) = \dfrac{1}{s}$，実線は $G_2(s) = \dfrac{1}{s+1}$ のベクトル軌跡である。

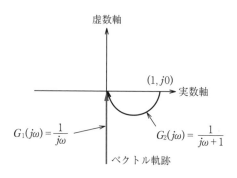

伝達関数の周波数特性 $G(j\omega)$ の計算には，**図2.3**に示す複素数の極座標表示を使用すると便利である．

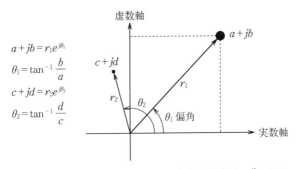

図2.3 複素数の直交座標表記 $a+jb$ と極座標表記 $re^{j\theta}$ の関係

極座標表記を使用すると，複素数の掛け算や割り算は式 (2.5) や式 (2.6) のようにそれぞれの位相（偏角）θ の和もしくは差となる．

$$(a+jb)(c+jd) = r_1 r_2 e^{j(\theta_1 + \theta_2)} \tag{2.5}$$

$$\frac{a+jb}{c+jd} = \frac{r_1}{r_2} e^{j(\theta_1 - \theta_2)} \tag{2.6}$$

対数表示で動径の大きさ（利得）を表すと，$r_1 r_2$ や $\dfrac{r_1}{r_2}$ はそれぞれ和（$\log r_1 r_2 = \log r_1 + \log r_2$）と差 $\left(\log \dfrac{r_1}{r_2} = \log r_1 - \log r_2\right)$ になる．

2.3　ボ ー ド 線 図

　古典制御では，伝達関数の利得 $|G(j\omega)|$ と偏角 $\theta(\omega)$ の周波数特性からシステムの安定性の判定をする．

　ボード線図は，横軸に対数表示の周波数，縦軸に対数表示の伝達関数の利得 $|G(j\omega)|$ と線形表示の位相 $\theta(\omega)$ をグラフ化したものである．高次の伝達関数でも低次の伝達関数に分解すれば，ボード線図上では個々の低次伝達関数の和として簡単に表せる．

　なお，ボード線図とベクトル軌跡は同一情報（利得と位相差）を異なる方法

16   **2. ボ ー ド 線 図**

で表現したものであり，必要に応じて使い分けをする。

2.3.1 伝達関数の周波数応答

複数の周波数伝達関数の積の形式で表される $G(j\omega)$ は，以下の手順でボード線図に描くことができる。

$G(j\omega) = G_1(j\omega) \cdot G_2(j\omega) \cdot G_3(j\omega) \cdot \cdots \cdot G_n(j\omega)$ より，縦軸の $|G(j\omega)|$ のデシベル〔dB〕値は式 (2.7) のように個別の伝達関数の $|G_i(j\omega)|(i = 1, 2, \cdots, n)$ のデシベル値の和となる。

$$20\log|G(j\omega)| = 20\log|G_1(j\omega)| + 20\log|G_2(j\omega)| + \cdots + 20\log|G_n(j\omega)|$$

$$(2.7)$$

$G(j\omega)$ の位相 θ も同様に，それぞれの伝達関数による位相差の和で表せる。

$$\theta(j\omega) = \theta_1(j\omega) + \theta_2(j\omega) + \theta_3(j\omega) + \cdots + \theta_n(j\omega) \tag{2.8}$$

式 (2.7) と式 (2.8) より，ゲイン線図，位相線図ともに，伝達関数 $G(j\omega)$ を構成する要素伝達関数 $G_1(j\omega)$，$G_2(j\omega)$，$G_3(j\omega)$，…のボード線図を縦軸方向に足し合わせれば，$G(j\omega)$ のボード線図となる。

なお，ボード線図の曲線部を極や零に相当する角周波数で直線近似したものを折れ線近似のボード線図と呼ぶ。

（1） 実 数 極 の 場 合

最初に，実数の極を持つ伝達関数 $G(s)$ を例に，例題を解きながらボード線図の描き方を説明する。

例題 2.4

伝達関数 $G_1(s) = \dfrac{1}{s}$ と $G_2(s) = \dfrac{1}{s+1}$ の折れ線近似のボード線図を示しなさい。

【解答】

（1） $s \rightarrow j\omega$　　$G_1(j\omega) = \dfrac{1}{j\omega}$　$\rightarrow$　$|G_1(j\omega)| = \dfrac{1}{\omega}$

　　　　$j = e^{j\frac{\pi}{2}}$　　$\theta = -\dfrac{\pi}{2}$

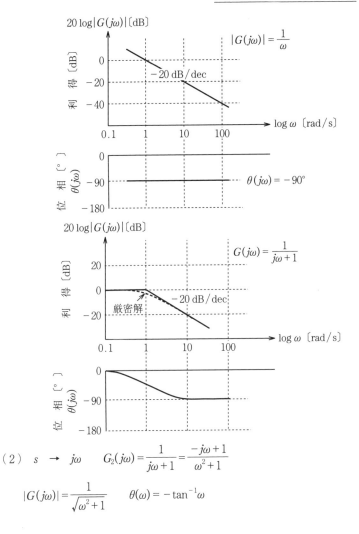

（2） $s \to j\omega$　　$G_2(j\omega) = \dfrac{1}{j\omega+1} = \dfrac{-j\omega+1}{\omega^2+1}$

$|G(j\omega)| = \dfrac{1}{\sqrt{\omega^2+1}}$　　　$\theta(\omega) = -\tan^{-1}\omega$

■

例題 2.5

以下の伝達関数 $G_1(s)$, $G_2(s)$ の折れ線近似のボード線図を図示しなさい。

（1）　$G_1(s) = \dfrac{10}{s+1}\dfrac{10\,000}{s+100}$

（2）　$G_2(s) = \dfrac{2}{s^2+3s+2}$

【解答】

（1） 極[†]が $1\,\mathrm{rad/s}$ と $100\,\mathrm{rad/s}$ にあることから，それらの角周波数がボード線図（利得図）の折れ曲がり点となる。

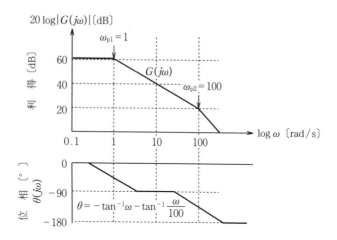

（2） $G_2(s) = \dfrac{2}{(s+1)(s+2)}$ より，$\omega_{\mathrm{p1}} = 1\,\mathrm{rad/s}$，$\omega_{\mathrm{p2}} = 2\,\mathrm{rad/s}$ である。

$G_2(j0) = 1 \;\rightarrow\; |G_2(j0)| = 1 \quad \theta(0) = 0°$

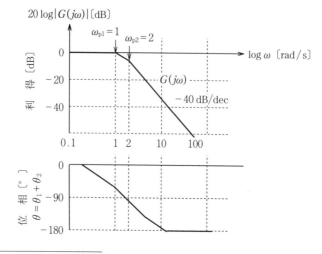

[†] $A/(s+\omega_\mathrm{p})$ の極は正確には $-\omega_\mathrm{p}$ であるが，例題 2.4, 2.5 のボード線図に示すように，利得の折れ曲がりが生じる角周波数 ω_p を便宜的に"極"と呼ぶ。これは，説明のたびに ω_p を「極の絶対値 ω_p」と記す煩雑さを避けるためである。

$$G_2(2j) = \frac{-1-3j}{10} \quad \rightarrow \quad |G_2(2j)| = \sqrt{\frac{10}{100}} \quad \rightarrow \quad -10\,\text{dB}$$

（2）共役複素数極の場合

式 (2.9) の伝達関数 (0<ζ<1) のベクトル軌跡を**図 2.4**に示す（ζ=0.5（破線）とζ≒1.0（実線））。原点からベクトル軌跡（ωの関数）までの直線の長さ（動径）が利得 $|G(j\omega)|$，実軸からの偏角が入出力間の位相差 θ である。

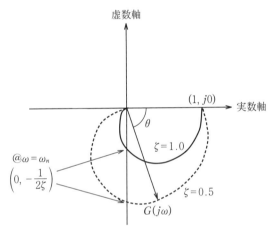

図 2.4 式 (2.9) の伝達関数のベクトル軌跡

また，瞬時応答ができる物理システム（ω→∞で利得有限）は存在しないので，周波数の高い極限（ω→∞）ではベクトル軌跡は必ず原点に収斂する。

伝達関数が式 (2.9) の場合，負の実数軸から原点に向かって収束していく。

$$G(s) = \frac{\omega_n^2}{s^2 + 2\zeta\omega_n s + \omega_n^2} \tag{2.9}$$

$$\left. \begin{array}{l} G(j\omega) = \dfrac{1}{1 - \dfrac{\omega^2}{\omega_n^2} + 2j\zeta\dfrac{\omega}{\omega_n}} \\[2ex] |G(j\omega)|_{\omega=\omega_n} = \dfrac{1}{2\zeta} \end{array} \right\} \tag{2.10}$$

式 (2.10) の伝達関数 (0<ζ<1) のボード線図を**図 2.5**に示す。低周波領域

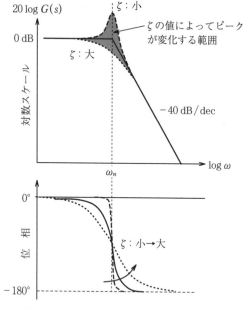

図 2.5 伝達関数（式 (2.10)）のボード線図

（$\omega \ll \omega_n$）の利得はほぼ一定（0 dB），高周波側（$\omega \gg \omega_n$）では式 (2.10) の分母の ω^2/ω_n^2 が支配的となり，$|G(j\omega)|$（振幅）が勾配 -40 dB/dec で減衰する。なお，$\zeta < 0.5$ の場合，式 (2.10) より共振周波数（$\omega = \omega_n$）における利得がピークを示すが，$\zeta > 0.5$ ではピークが現れず，低周波特性から高周波特性の -40 dB/dec 特性に滑らかにつながる。

位相に関しては，図 2.5 の位相線図に示すように，低周波領域（$\omega \ll \omega_n$）で $\theta \fallingdotseq 0°$，ω_n より高周波側で位相は反転（$\theta \fallingdotseq -180°$）する。角周波数 ω_n 付近における位相が変化する帯域幅は ζ の値が小さいほど狭い。

2.3.2 零を含む伝達関数の周波数応答

例題 2.4 と例題 2.5 から，角周波数 ω を低周波から高周波に掃引するとき，利得特性 $|G(j\omega)|$ は，極の絶対値に相当する周波数を超すたびに折れ線近似の勾配は -20 dB/dec ずつ小さくなる。一方，零の場合には，零の絶対値相当の

周波数を超すたびに勾配は+20 dB/decずつ大きくなる（**図2.6**(a)）。

伝達関数 $G(s)$ の利得線図を便宜的に折れ線グラフで近似したものを図2.6（b）に実線で表す。

ボード線図の位相特性については，s に $j\omega$ を代入すればわかるように，極

$\omega(0\to\infty)$	極	零
利得の勾配	$-20\,\mathrm{dB/dec}$	$+20\,\mathrm{dB/dec}$

（a）利得線図の勾配の変化

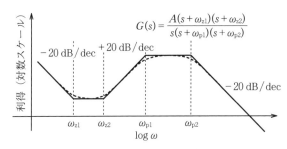

（b）伝達関数 $G(s)$ の利得線図

図2.6 伝達関数 $G(s)$ の利得線図（破線と実線は厳密解と折れ線近似）

$\omega(0\to\infty)$	極	零	
		負	正
位相の変化	$-90°$	$+90°$	$-90°$

（a）位相線図における位相の変化

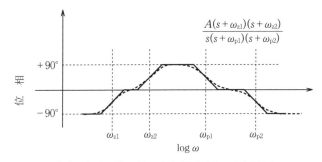

（b）伝達関数 $G(s)$ の位相線図（負の零を仮定）

図2.7 伝達関数 $G(s)$ の位相線図（破線と実線は厳密解と折れ線近似）

の角周波数を超すたびに位相は 90°遅れる。

一方，零については，符号によって位相の変化する方向が異なる。すなわち，**図 2.7** の上表のように，複素数平面の右半平面にある正の零では $-90°$，左半平面の負の零の場合は $+90°$ 位相が変化する。ここでは，便宜的にボード線図を折れ線グラフ（実線）で示しているが，実際の位相 vs. 周波数特性はこれらの折れ線を滑らかにつなぐ破線のようになる。

例題 2.6

以下の伝達関数のボード線図の概形を折れ線で示しなさい。

（1） $G_1(s) = \dfrac{10s + 1}{s + 10}$

（2） $G_2(s) = \dfrac{s + 10}{10s + 1}$

【解答】

（1）の伝達関数では，"零"相当の角周波数が $0.1\,\mathrm{rad/s}$，"極"は $10\,\mathrm{rad/s}$

（2）の伝達関数では，"極"相当の角周波数が $0.1\,\mathrm{rad/s}$，"零"は $10\,\mathrm{rad/s}$
とボード線図の描画のポイント（図 2.5 と図 2.6）を参考にして，利得の周波数特性と位相の周波数特性を折れ線近似で描くと図のようになる。

左図のように零が極より小さい伝達関数（$\omega_z < \omega_p$）は位相が進み，逆に $\omega_p < \omega_z$ の

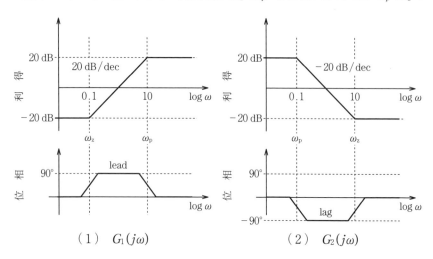

（1） $G_1(j\omega)$ 　　　　　　　　　（2） $G_2(j\omega)$

伝達関数は位相が遅れる。制御では，これらをループ（位相）補償回路として使用する。

例題 2.7

以下の伝達関数を持つループ補償回路 $C(s)$ の周波数特性のボード線図（折れ線近似）を描きなさい。

$$C(s) = \frac{1}{s} \frac{1+\dfrac{s}{\omega_z}}{1+\dfrac{s}{\omega_p}} \qquad \begin{aligned} \omega_p &= 10^4 \,\text{rad/s} \\ \omega_z &= 10^2 \,\text{rad/s} \end{aligned}$$

【解答】

原点に極がある $G(j\omega)$ の低周波領域の利得は ω^{-1} に比例（$-20\,\text{dB/dec}$）し，位相 θ は $-90°$ から始まる。$\omega_z = 10^2\,\text{rad/s}$ を過ぎると，利得の勾配は $0\,\text{dB/dec}$ に漸近し，$\omega > \omega_p = 10^4\,\text{rad/s}$ では再び $-20\,\text{dB/dec}$ で傾斜する。位相については，図面に描く折れ線近似のとおりである。

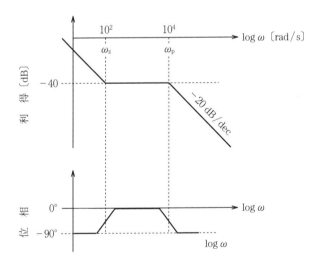

例題 2.8

複素数平面上に×で示す極を持つ2種類の伝達関数（図（a）と図（b））の

周波数特性の概略を求めなさい。

$$G(s) = \frac{\omega_n^2}{s^2 + 2\zeta\omega_n s + \omega_n^2}$$

(a) $\zeta = 0.8$

(b) $\zeta = 0.15$

【解答】

　$\zeta = 0.8$（図（a）），$\zeta = 0.15$（図（b））ともに原点から半径 ω_n の半円上に極がある。本シリーズ第1巻2.6.1項で説明しているように，紙面から少し手前に薄いゴム膜を全面に張ったイメージを頭に浮かべて，"極"の位置（×印）から紙面垂直に突き上げた膜の虚数軸を含む切断面が周波数特性となる。

　下図（a）のように"極"が虚数軸から離れていると，虚数軸上の点 $(0, j\omega)$ を矢印

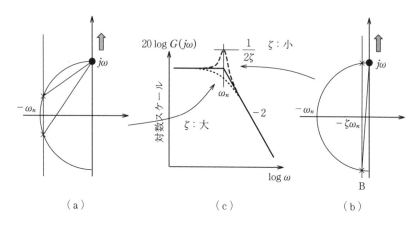

練 習 問 題　　25

の方向に移動させたときの利得（虚軸面で切り出した膜の断面）は周波数とともに
ゆるやかに低下する（図（c）の点線）。極が虚数軸に近い場合（図（b））には，点
$(0, j\omega)$ を矢印方向に移動させると極（×印）の突き上げにより，共振周波数（$\omega = \omega_n$）
での利得は大きなピークを示す（図（c）の破線）。

■

練 習 問 題

問題 2.1　図 2.6 と図 2.7 を参考にして，以下の伝達関数 $G(j\omega)$ のボード線図（折れ
線近似）を描きなさい。

（1）　$G_1(s) = \dfrac{(s + \omega_z)}{s(s + \omega_p)}$ 　　　$0 \ll \omega_z \ll \omega_p$

（2）　$G_2(s) = \dfrac{(s - \omega_z)}{s(s + \omega_p)}$ 　　　$0 \ll \omega_z \ll \omega_p$

（3）　$G_3(s) = \dfrac{(s + \omega_z)}{s(s + \omega_{p1})(s + \omega_{p2})}$ 　　　$0 \ll \omega_z \ll \omega_{p1} \ll \omega_{p2}$

（4）　$G_4(s) = \dfrac{(s - \omega_z)}{s(s + \omega_{p1})(s + \omega_{p2})}$ 　　　$0 \ll \omega_z \ll \omega_{p1} \ll \omega_{p2}$

（5）　$G_5(s) = \dfrac{(s + \omega_{z1})(s + \omega_{z2})}{s(s + \omega_{p1})(s + \omega_{p2})}$ 　　　$0 \ll \omega_{z1} \ll \omega_{z2} \ll \omega_{p1} \ll \omega_{p2}$

（6）　$G_3(s) = \dfrac{(s + \omega_{z1})(s + \omega_{z2})}{s^2(s + \omega_p)}$ 　　　$0 \ll \omega_{z1} \ll \omega_{z2} \ll \omega_p$

問題 2.2　以下の伝達関数のボード線図を描きなさい。

（1）　$G(s) = \dfrac{120}{(s + 2)(s + 60)}$

（2）　$G(s) = \dfrac{25}{s^2 + 10s + 25}$

（3）　$G(s) = \dfrac{2}{s(s + 2)}$

（4）　$G(s) = \dfrac{1}{s(s + 1)(0.02s + 1)}$

（5）　$G(s) = \dfrac{1}{(s + 1)^2(s^2 + 2s + 4)}$

3. 負帰還（フィードバック）

　被制御システム（装置，プラント）の特性は長期の稼働時間や気温などによって変化し，入力値が一定でも出力電位は徐々に変化していく。このため，現実のシステムでは，出力値 $Y(s)$ の一部をフィードバックして，指令値 $X(s)$ との差（偏差）を補正している。1.1 節で説明したように，すべての極が複素数平面の左半分の領域にあるシステムは安定に動作するが，図 3.1 の閉ループ（負帰還）システムの伝達関数 $G_c(s)$ は複雑になり，その極は容易には求められない。

　古典制御では閉ループ（負帰還）システムの極を求める代わりに，開ループシステム $G(s)$ の極の配置から閉ループシステム $G_c(s)$ の安定動作を判定する「ナイキストの安定判別法」が使われる。

　本章では，まず伝達関数の合成法について述べた後，閉ループシステムの動作の安定性について説明する。

3.1　負帰還システムの伝達関数

　図 3.1 のブロック線図において，出力 $Y(s)$ の一部を入力側に負帰還（フィードバック）した閉ループ伝達関数 $G_c(s)$ は式 (3.1) で表される。$G_c(s)$ の添字 "c" は閉ループを意味している。

$$Y(s) = G(s)(X(s) - KY(s)) \quad \rightarrow \quad G_c(s)\left(= \frac{Y(s)}{X(s)} \right) = \frac{G(s)}{1 + KG(s)} \quad (3.1)$$

　この閉ループ伝達関数 $G_c(s)$ の分母に含まれる $KG(s)$ は，負の加算点（白丸）の手前でフィードバック経路を切断した開ループの伝達関数である。この開ループ伝達関数 $KG(s)$ が閉ループ伝達関数 $G_c(s)$ を持つシステムの動作安定性の鍵を握っている（3.3 節参照）。

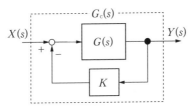

図 3.1 出力信号の一部を入力側に帰還する閉ループシステム $G_c(s)$ のブロック線図

3.2 ブロック線図の合成法

複雑な帰還システムのブロック線図も，**表 3.1** と**表 3.2** の等価変換表を使えば，その合成伝達関数が得られる．例題を解きながらブロック線図の合成法に慣れてほしい．

表 3.1 ブロック線図の等価変換表(1)

→ $G_1(s)$ → $G_2(s)$ →	直列結合	→ $G_1(s)G_2(s)$ →
→ $G_1(s)$ ↘︎○→ → $G_2(s)$ ↗︎	並列結合	→ $G_1(s)+G_2(s)$ →
→○→ $G(s)$ → ↑∓ ← $K(s)$ ←	帰 還	→ $\dfrac{G(s)}{1 \pm K(s)G(s)}$ →
→ $G(s)$ →→	引出点移動	→→ $G(s)$ → → $G(s)$ →

3. 負帰還（フィードバック）

表 3.2 ブロック線図の等価変換表(2)

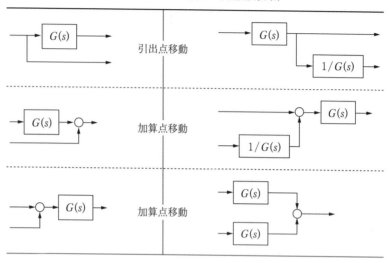

例題 3.1

直流サーボモータのブロック線図の開ループおよび閉ループの伝達関数を求めなさい。

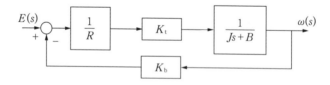

【解答】

$$開ループ伝達関数 : KG(s) = \frac{K_t K_b}{R(Js+B)} \tag{1}$$

式 (1) と表3.1の等価変換表の「帰還」を参考にすると，閉ループの伝達関数は式 (2) となる。

$$\frac{\omega(s)}{E(s)} = \frac{G(s)}{1+KG(s)} = \frac{\dfrac{K_t}{R(Js+B)}}{1+K_b\dfrac{K_t}{R(Js+B)}} = \frac{K_t}{R(Js+B)+K_t K_b} \tag{2}$$

■

例題 3.2

図 (b) と図 (c) は図 (a) のブロック線図を等価変換したものである。表 3.1 と表 3.2 を参考に四角の枠（1）〜（4）を埋めなさい。

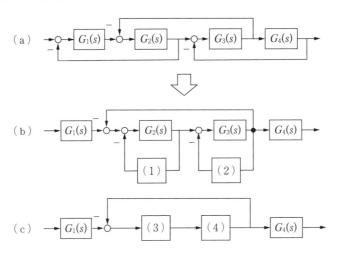

【解答】

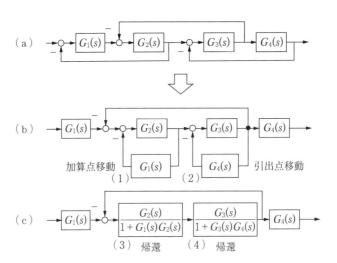

例題 3.3

(1), (2) のブロック線図の閉ループ伝達関数を求めなさい。

(1)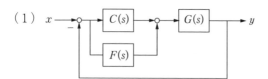

(2)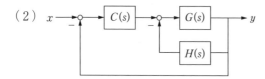

【解答】

(1) 開ループ伝達関数 $P(s)$ は式 (1) である。
$$P(s) = (C(s) + F(s))G(s) \tag{1}$$
閉ループ伝達関数 $G_c(s)$ は表 3.1 の「帰還」を参考にして，式 (2) となる。
$$G_c(s) = \frac{P(s)}{1+P(s)} = \frac{(C(s)+F(s))G(s)}{1+(C(s)+F(s))G(s)} \tag{2}$$

(2) 開ループ伝達関数 $P(s)$ は式 (3) である。
$$P(s) = C(s)\frac{G(s)}{1+G(s)H(s)} \tag{3}$$
閉ループ伝達関数 $G_c(s)$ は表 3.1 の「帰還」を参考して，式 (4) となる。
$$G_c(s) = \frac{P(s)}{1+P(s)} = = \frac{C(s)G(s)}{1+(C(s)+H(s))G(s)} \tag{4}$$

例題 3.4

図のブロック線図の閉ループ伝達関数を求めなさい。

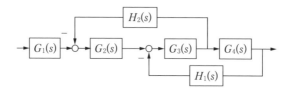

【解答】

帰還部の伝達関数を合成すると，以下のブロック線図が得られる。

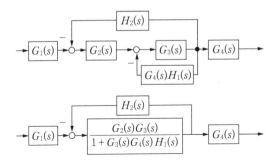

この結果，閉ループ伝達関数は $\dfrac{G_1(s)G_2(s)G_3(s)G_4(s)}{1+G_3(s)G_4(s)H_1(s)+G_2(s)G_3(s)H_2(s)}$ となる。

例題 3.5

図のブロック線図の閉ループ伝達関数 $\dfrac{Z(s)}{X(s)}$, $\dfrac{Z(s)}{Y(s)}$ を求めなさい。

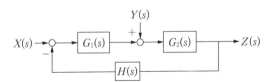

【解答】

重ね合わせの理に基づいて与えられたブロック図は，以下のサブブロック図の和となる。

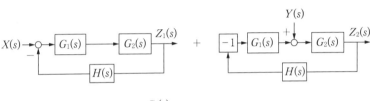

$$Z(s) = Z_1(s) + Z_2(s) = \frac{G_2(s)}{1+G_1(s)G_2(s)H(s)}[G_1(s)X(s)+Y(s)]$$

32 　　3. 負帰還（フィードバック）

この結果，閉ループ伝達関数は次式となる。

$$\frac{Z(s)}{X(s)} = \frac{G_1(s)G_2(s)}{1+G_1(s)G_2(s)H(s)} \qquad \frac{Z(s)}{Y(s)} = \frac{G_2(s)}{1+G_1(s)G_2(s)H(s)}$$

■

3.3 フィードバック制御

　図 3.1 に示したシステム制御では，被制御システムの出力を指令値に追随させるために開ループ伝達関数 $KG(s)$ を調整して，① 安定動作の担保，② 偏差（誤差）の縮小，③ 耐外乱性能の向上，などを図る。

　式 (3.1) に示した閉ループ伝達関数 $G_c(s)$ は開ループ伝達関数 $|KG(s)| \gg 1$ の条件下では $1/K$ であり，出力 $Y(s)$ は入力 $X(s)$ の $1/K$ になる。K はフィードバック係数である。

$$Y(s) = \frac{G(s)}{1+KG(s)} X(s) = G_c(s)X(s) \tag{3.2}$$

　$K=1$ のシステムにおいては，式 (3.2) より入力 $X(s)$ とほぼ同じ出力 $Y(s)$ が得られる。この負帰還システムは，入力信号を単に出力する（$Y(s)=X(s)$）だけの無意味な操作と思われ勝ちであるが，このシステムには出力インピーダンスの低減や周波数特性の改善などの効用があり，実際のシステムでは $K=1$ の負帰還が多用されている（本シリーズ第 1 巻 5.3 節，8.1 節で説明している）。

　その一方で，負帰還をするとシステム動作が不安定になる可能性がある。その身近な例としては拡声器がある。拡声器からの音がマイクに伝わるまでの時間遅れにより，特定の周波数の音の位相が反転し（正帰還），不快なハウリング（howling）音になることはよく知られている。

　ハウリング現象は，式 (3.2) の分母における開ループ伝達関数 $KG(j\omega)$ が -1 のときに生じる。すなわち，クロスオーバー角周波数 ω_c の位相反転した信号が負帰還されると，閉ループ伝達関数 $G_c(j\omega_c)$ が無限大となって，出力は制御不能となる。ただ，この説明では「入力信号に角周波数 ω_c 近傍の信号がなければ問題はない」と思われるかもしれない。現実のシステムでは，角周波数

ω_c のノイズを完全にはなくせないため，ノイズ起因の不安定動作に配慮したシステム設計が必須となる。

上述のように，閉ループ伝達関数 $G_c(j\omega_c)$ の分母（特性方程式）＝0のケースではシステムの動作が不安定であるが，出力 $Y(s)$ が異常に増大する（特性方程式が零に近づく）と制御が難しくなることは容易に推察できる。

3.4　システムの動作安定性の判別法

任意の開ループ伝達関数 $KG(s)$ は，s の多項式 $N(s)$，$D(s)$ を使って式 (3.3) で表される。これを式 (3.4) の閉ループ伝達関数 $G_c(s)$ に適用すると，$D(s) = 0$ もしくは $D(s) + N(s) = 0$ で分母が零になり，システムの制御ができなくなる（$G_c(s)$ の利得が無限大）。

$$KG(s) = \frac{N(s)}{D(s)} \tag{3.3}$$

$$G_c(s) = \frac{1}{K} \frac{KG(s)}{1 + KG(s)} = \frac{1}{K} \frac{N(s)}{D(s) + N(s)} \tag{3.4}$$

閉ループシステム $G_c(s)$ の安定動作の判別法としては，① ラウスの安定判別法，② ナイキストの安定判別法がある。① の判別法は計算が煩雑なため限定的にしか使用されていないが，数学的には厳密な判別法である。② の「ナイキストの安定判別法」は視覚的に安定・不安定の判断ができるため，負帰還システムの安定性解析によく使用されている。

3.4.1　ラウスの安定判別法

ラウス（Routh）の安定判別法は，閉ループ伝達関数 $G_c(s)$ の分母（特性方程式）を使ってシステムの安定性を判定する。

特性方程式（閉ループシステムの伝達関数 $G_c(s)$ の分母）は一般に式 (3.5) で表せる。

$$a_n s^n + a_{n-1} s^{n-1} + \cdots + a_1 s^1 + a_0 = 0 \tag{3.5}$$

式 (3.5) を因数分解すると式 (3.6) になる。

34　　3. 負帰還（フィードバック）

$$a_n(s-r_1)(s-r_2)\cdots(s-r_n)=0 \tag{3.6}$$

式 (3.6) を多項式展開したものが式 (3.7) である。

$$\left.\begin{array}{l} a_ns^n-a_n(r_1+r_2+\cdots+r_n)s^{n-1}+a_n(r_1r_2+r_2r_3+\cdots+r_nr_1)s^{n-2}\\ -a_n(r_1r_2r_3+r_2r_3r_4+\cdots+r_nr_1r_2)s^{n-3}+\cdots+a_n(-1)^nr_1r_2r_3\cdots r_n=0 \end{array}\right\} \tag{3.7}$$

すべての根（極）$r_1, r_2, r_3,\ldots$ が複素数平面の左側（根の実数部が負）にあれば，式 (3.7) のすべての係数は同符号になり，これがシステムの安定条件になる。

しかし，「多項式のすべての係数が同符号」は「すべての根 $r_1, r_2, r_3,\ldots$ が複素数平面の左側（根の実数部が負）にある」の必要十分条件でないことは，式 (3.8) の特性方程式から明らかである。

$$(s+3)(s^2-s+5)=s^3+2s^2+2s+15 \tag{3.8}$$

式 (3.8) の多項式の係数はすべて同符号であるが，複素数平面の右半面にも根 $1\pm j\sqrt{19}/2$ があるので，このシステムの動作は不安定である。

線形方程式の根の実数部がすべて負になる必要十分条件は，1877 年にラウスが発表している。その導出過程（数学的証明）は省略して，以下にその利用方法を説明する。

まず，式 (3.5) の特性方程式の係数 $a_n, \cdots, a_0$ を式 (3.9) に示すラウス配列に変換する。左端の s のべき乗部は単なるラベルである。

$$\left.\begin{array}{c|cccc} s^n & a_n & a_{n-2} & a_{n-4} & \cdots \\ s^{n-1} & a_{n-1} & a_{n-3} & a_{n-5} & \cdots \\ s^{n-2} & b_{n-1} & b_{n-3} & b_{n-5} & \\ s^{n-3} & c_{n-1} & c_{n-3} & c_{n-5} & \\ \vdots & \vdots & \vdots & \vdots & \\ s^0 & a_0 & & & \end{array}\right\} \tag{3.9}$$

ここで，配列要素 $b_n, c_n, \cdots$ は式 (3.10) の行列式に基づいて計算する。

$$b_{n-1}=-\frac{\begin{vmatrix} a_n & a_{n-2} \\ a_{n-1} & a_{n-3} \end{vmatrix}}{a_{n-1}} \qquad b_{n-3}=-\frac{\begin{vmatrix} a_n & a_{n-4} \\ a_{n-1} & a_{n-5} \end{vmatrix}}{a_{n-1}} \qquad c_{n-1}=-\frac{\begin{vmatrix} a_{n-1} & a_{n-3} \\ b_{n-1} & b_{n-3} \end{vmatrix}}{b_{n-1}}$$

$$\tag{3.10}$$

こうして求めたラウス配列の第一列（$a_n, a_{n-1}, b_{n-1}, c_{n-1}, d_{n-1}, \cdots$）がすべて同符号なら，システムの動作は安定である。

［注］ ラウスの安定性判定法は，システムが安定であるか否かの判断に使われるが，システム動作の安定性の度合いがどの程度であるかはわからない。

例題 3.6

図のブロック線図のシステムが安定に動作する K の範囲を，ラウスの安定判別法を使って求めなさい。

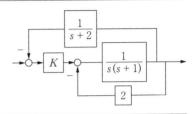

【解答】

帰還経路 $\dfrac{1}{s+2}$ を除く内部伝達関数は式 (1) となる。

$$K\frac{\dfrac{1}{s(s+1)}}{1+\dfrac{2}{s(s+1)}} = \frac{K}{s(s+1)+2} \tag{1}$$

さらに，帰還経路 $\dfrac{1}{s+2}$ を考慮した閉ループ伝達関数 $G_c(s)$ は式 (2) である。

$$G_c(s) = \frac{\dfrac{K}{s^2+s+2}}{1+\dfrac{1}{s+2}\dfrac{K}{s^2+s+2}} = \frac{K}{(s+2)(s^2+s+2)+K} \tag{2}$$

式 (2) の特性方程式（$G_c(s)$ の分母）$s^3+3s^2+4s+K+4=0$ より，ラウス配列は以下となる。

$$
\begin{array}{ll}
s^3 & 1 \qquad\quad 4 \\
s^2 & 3 \qquad\quad K+4 \\
s^1 & \dfrac{12-(K+4)}{3} \\
s^0 & K+4
\end{array}
$$

ラウス表の第一列目がすべて同符号になる（システムが安定動作をする）条件は $8 > K > -4$ である。

3.4.2 ナイキストの安定判別法

ナイキストの安定判別法は,ベクトル軌跡やボード線図を使って負帰還システムの安定性を調べる方法として古くから使われている。

任意の伝達関数 $G(s)$ に対するナイキストの安定判別法は少々わかり難いが,すべての極が複素数平面の左半平面にある伝達関数 $G(s)$ のシステムに適用対象を限定すると,図3.2のように視覚的に扱いやすい簡易型「ナイキストの安定判別法」になる。これは「開ループ伝達関数のベクトル軌跡が,角周波数 ω の増加時に,点 $(-1, j0)$ 近傍を左手に見ながら通過すれば,その閉ループシステムの動作は安定」を意味している。

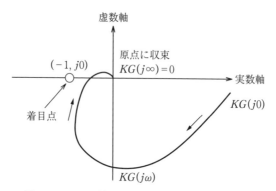

図 3.2 開ループ伝達関数のベクトル軌跡を用いた
ナイキストの安定判別法のイメージ

この簡易型「ナイキストの安定判別法」はコンバータ以外の負帰還システムにも広く使用されており,以下の利点がある。

 (1) 複素数平面にプロットした開ループ伝達関数から閉ループの安定性を判別できる
 (2) 詳細な計算が不要で,次数の高い複雑なシステムにも適用可能
 (3) 開ループシステムの周波数応答の実測から負帰還システムの安定性が判定できる
 (4) 閉ループシステムの安定度(余裕)がわかる

式 (3.2) に示す閉ループシステム伝達関数 $G_c(j\omega)$ の分母が零に近づく(開ルー

プ伝達関数 $KG(s)$ が -1 に接近する）と，閉ループシステムは不安定になりやすい。このため「ナイキストの安定判別法」では，ベクトル軌跡と点 $(-1, j0)$ との近接度合いをシステム動作の安定性の指標として，ゲイン余裕（gain margin）g_m と位相余裕（phase margin）θ_m を定義している（**図 3.3**）。

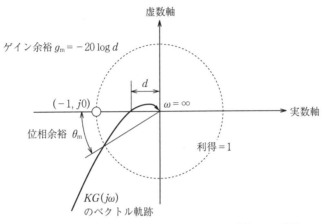

図 3.3 負帰還システムの位相余裕 θ_m とゲイン余裕 g_m の定義

ゲイン余裕 g_m は，閉ループシステムのベクトル軌跡と実数軸との交点と原点との距離 d を式（3.11）で定義している。

$$g_\mathrm{m} = -20\log d \tag{3.11}$$

位相余裕 θ_m は，原点を中心にした半径 1 の円周とベクトル軌跡との交点が負の実数軸となす角度（図 3.3）で定義する。開ループ伝達関数のクロスオーバー角周波数 ω_c（利得 = 0 dB）における位相遅れを $\theta(\omega_\mathrm{c})$ とすれば，位相余裕 $\theta_\mathrm{m} = 180° - \theta(\omega_\mathrm{c})$ と言い換えることもできる。システム動作の安定には位相余裕 $\theta_\mathrm{m} > 45°$ が必要とされるが，より高い安定性が求められるシステムでは $\theta_\mathrm{m} > 60°$ を担保する必要がある。

例題 3.7

開ループ利得 $KG(s) = \dfrac{K}{s+1}$ の負帰還システムに関して，以下の問いに答えなさい。

(1) $K=1$ のときのベクトル軌跡を描きなさい。

(2) 帰還係数 K の取りうる全範囲 (0～∞) において,システムが安定であることをナイキストの安定判別法に基づいて説明しなさい。

【解答】

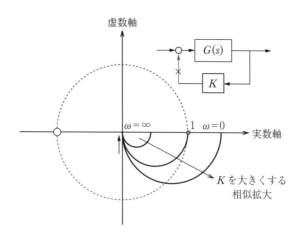

(1) $K=1$ の開ループの伝達関数 $G(s) = \dfrac{1}{s+1}$ のベクトル軌跡は,式 (1) と式 (2) より,$\left(\dfrac{1}{2},\ j0\right)$ を中心とした半径 $1/2$ の半円周で表される。

$$x = \mathrm{Re}\left(\frac{1}{j\omega+1}\right) = \frac{1}{1+\omega^2} \qquad y = \mathrm{Im}\left(\frac{1}{j\omega+1}\right) = -\frac{j\omega}{1+\omega^2} \tag{1}$$

$$\left(x-\frac{1}{2}\right)^2 + y^2 = \left(\frac{1}{1+\omega^2}-\frac{1}{2}\right)^2 + \left(-\frac{j\omega}{1+\omega^2}\right)^2 = \frac{1}{4} \tag{2}$$

(2) $KG(s) = \dfrac{K}{s+1}$ の分母が s の一次関数であることから,$\omega \to \infty$ では矢印のように負の虚数軸に沿って原点に収束する。K が変化すると半円周が相似拡大・縮小するだけで,K の値によらず位相余裕 $\theta_\mathrm{m} > 90°$ であり,閉ループシステム $G_\mathrm{c}(s)$ は安定である。　■

例題 3.8

開ループ伝達関数のベクトル軌跡が図(a)〜(d)であるとき、簡易型ナイキストの安定判別法に基づいて、その閉ループシステムの安定性を調べなさい。破線は半径1の円を表している。

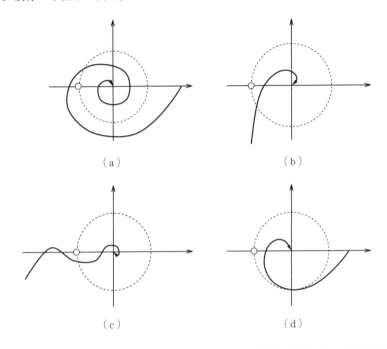

(a) (b)

(c) (d)

【解答】

図(a)は、閉ループシステムのベクトル軌跡が$(-1, j0)$を右に見て通過するので、不安定である。図(b)〜(d)は、ベクトル軌跡が$(-1, j0)$を左に見て通過するので、すべて「安定」である。ただし、図(c)は、開ループ伝達関数の利得が少し低下すると不安定になる条件付きの「安定」である。

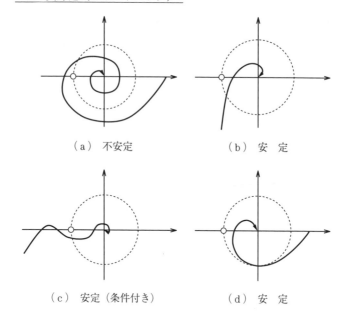

（a）不安定　　　（b）安　定

（c）安定（条件付き）　（d）安　定

3.5　ループ補償

　不安定な被制御システム $G(s)$ でも，開ループ伝達関数を調整すれば安定な閉ループシステムに変えることができる。この伝達関数の調整にはループ補償回路（例題 2.6）を使用する。

　図 3.4（a）は帰還係数 K の閉ループシステムのブロック線図，図（b）は式 (3.12) の被制御システム「ナイキストの安定判別法」を含む開ループ伝達関数のボード線図である。$KG(s)$ の直流利得（A）は十分大きな値とする。

$$KG(s) = A \frac{\omega_n^2}{s^2 + 2\zeta\omega_n s + \omega_n^2} \tag{3.12}$$

　$KG(s)$ の極が共役複素数のとき（$0<\zeta<1$），クロスオーバー角周波数 ω_c（利得 = 0 dB）における位相余裕 θ_m（位相遅れ $\theta \fallingdotseq -180°$）はほぼ $0°$ であり，閉ループシステムは不安定である。

3.5 ループ補償

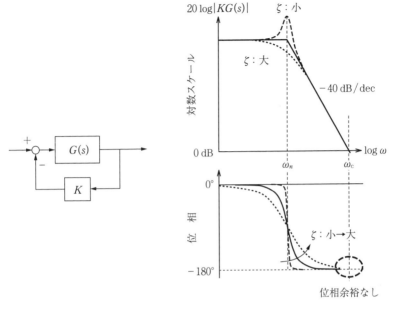

（a） $G(s)$ の閉ループシステム　　（b）　開ループ伝達関数 $KG(s)$ のボード線図

図3.4　閉ループシステムのブロック線図と開ループ伝達関数のボード線図

この不安定な被制御システム $G(s)$ を安定に動作させるには，図3.5のようにループ内に補償回路 $C(s)$ を配置して帰還信号の位相余裕 $\theta_m > 45°$ にする。

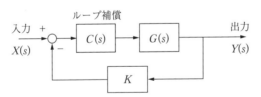

図3.5　ループ補償回路を組み込んだ負帰還システムのブロック線図

すなわち，開ループ伝達関数 $KG(s)$ のクロスオーバー角周波数 ω_c 付近で位相を進める（位相余裕 θ_m を増やす）ループ補償回路 $C(s)$ を組み込んで閉ループシステムの動作を安定させる。ループ補償回路 $C(s)$ の例としては，式(3.13) の伝達関数がある。

$$C(s) = \frac{1 + \dfrac{s}{\omega_z}}{1 + \dfrac{s}{\omega_p}} \quad \omega_z < \omega_p \tag{3.13}$$

式 (3.13) の伝達関数 $C(x)$ のボード線図は，**図 3.6** のように $\omega_z < \omega < \omega_p$ の角周波数領域で位相が進む。図 3.4（b）の例では，クロスオーバー角周波数 ω_c（利得が 1 となる周波数）の前後に ω_z, ω_p を配置したループ補償回路の組み込みにより，開ループ伝達関数 $KC(s)G(s)$ の位相余裕 θ_m が増加して閉ループシステムの動作が安定になる。同時に，クロスオーバー角周波数 ω_c がさらに高周波側に移動して過渡応答に優れたシステムになる（例題 3.10 参照）。

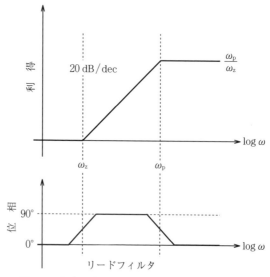

図 3.6 式 (3.13) の伝達関数を持つループ補償回路（$\omega_z < \omega_p$）のボード線図

例題 3.9

以下の伝達関数を持つループ補償回路 $C(s)$ の位相角 $\theta(\omega)$ を計算し，$\omega = \sqrt{\omega_z \omega_p}$ の角周波数で位相角 $\theta(\omega)$ が最大となることを示しなさい。

$$C(s) = \frac{1}{s} \frac{1 + \dfrac{s}{\omega_z}}{1 + \dfrac{s}{\omega_p}} \qquad \frac{\mathrm{d}(\tan^{-1} x)}{\mathrm{d}x} = \frac{1}{x^2 + 1}$$

を使用する。

【解答】

$j\omega$, $1 + \dfrac{j\omega}{\omega_z}$, $1 + \dfrac{j\omega}{\omega_p}$ の位相角はそれぞれ $\theta_1 = 90°$, $\theta_2 = \tan^{-1} \dfrac{\omega}{\omega_z}$, $\theta_3 = \tan^{-1} \dfrac{\omega}{\omega_p}$ である。

この結果，ループ補償回路 $C(s)$ の位相 θ と角周波数 ω との関係は次式となる。

$$\theta(\omega) = -\theta_1 + \theta_2 - \theta_3 = -90° + \tan^{-1} \frac{\omega}{\omega_z} - \tan^{-1} \frac{\omega}{\omega_p}$$

θ の微分が零になる角周波数 ω で θ が最大となる。

$$\frac{\mathrm{d}\theta}{\mathrm{d}\omega} = \frac{1}{\left(\dfrac{\omega}{\omega_z}\right)^2 + 1} \frac{1}{\omega_z} - \frac{1}{\left(\dfrac{\omega}{\omega_p}\right)^2 + 1} \frac{1}{\omega_p} = 0$$

$$(\omega^2 + \omega_z{}^2)\omega_p - (\omega^2 + \omega_p{}^2)\omega_z = 0$$

$$\therefore \quad \omega = \sqrt{\omega_z \omega_p}$$

ループ補償回路 $C(s)$ の進み角が最大となる角周波数は，零と極の幾何（相乗）平均となる。 ■

例題 3.10

以下の開ループ伝達関数の概略をボード線図に描きなさい。

$$KC(s)G(s) = \frac{10\,000}{1 + 2\dfrac{s}{\omega_n} + \left(\dfrac{s}{\omega_n}\right)^2} \frac{1 + \dfrac{s}{\omega_z}}{1 + \dfrac{s}{\omega_p}} \qquad \begin{array}{l} \omega_z \fallingdotseq 30\omega_n \\[2mm] \omega_p \fallingdotseq 100\omega_z \end{array}$$

【解答】

$$KC(j\omega)G(j\omega) = \frac{10\,000}{1 + 2j\dfrac{\omega}{\omega_n} + \left(j\dfrac{\omega}{\omega_n}\right)^2} \frac{1 + \dfrac{j\omega}{\omega_z}}{1 + \dfrac{j\omega}{\omega_p}}$$

$\omega_n < \omega < \omega_z : \fallingdotseq \dfrac{10\,000}{\left(\dfrac{\omega}{\omega_n}\right)^2}$ $-40\,\mathrm{dB/dec}$

$\omega_z < \omega < \omega_p : \fallingdotseq -\dfrac{10\,000}{\left(\dfrac{\omega}{\omega_n}\right)^2}\dfrac{j\omega}{\omega_z}$ $-20\,\mathrm{dB/dec}$

$\omega_p < \omega : \fallingdotseq -\dfrac{10\,000}{\left(\dfrac{\omega}{\omega_n}\right)^2}\dfrac{\omega_p}{\omega_z}$ $-40\,\mathrm{dB/dec}$

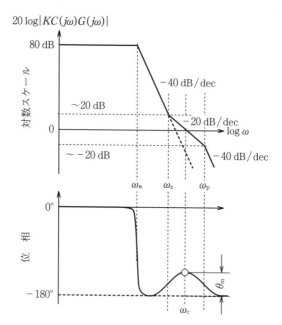

式(3.13)の伝達関数を持つループ補償回路 $C(s)$ の組み込みによって，クロスオーバー角周波数 ω_c が高周波側にシフトして閉ループシステムの応答性が向上する。 ∎

例題3.10より，図3.5のループ補償回路 $C(s)$ として $\omega_z < \omega_c < \omega_p$ のリードフィルタ（図3.6）を追加すると，開ループ伝達関数 $KC(s)G(s)$ の位相余裕 θ_m は大きくなる。

ボード線図に慣れてくると，図3.4（b）の利得線図（開ループ伝達関数の周波数特性）を見るだけで，閉ループシステムの安定・不安定の判断ができ

る。すなわち，零を含まない伝達関数 $KG(s)$ の場合，クロスオーバー角周波数 ω_c 付近でボード線図の勾配が $-40\,\mathrm{dB/dec}$（例題 3.10 の解答の破線）だと位相余裕 θ_m（$\fallingdotseq 0°$）はないが，ループ補償回路 $C(s)$ の組み込みによって ω_c 付近の勾配を $-20\,\mathrm{dB/dec}$ 近くにまで戻せば閉ループシステムは安定に動作する。

例題 3.11

以下の開ループ伝達関数を持つシステムがある。閉ループにしたシステムの動作が安定か不安定かを判別しなさい。

（1）　$\dfrac{5\,000}{s^2(s+10)(2s+10)}$

（2）　$\dfrac{30}{s(s+5)}$

（3）　$\dfrac{40(s+1)}{s(s+5)(s+10)}$

【解答】

（1）〜（3）は開ループ伝達関数のすべての極が複素数平面の左半面にあるので，簡易型のナイキストの安定判別法が使える。

（1）　$\dfrac{5\,000}{s^2(s+10)(2s+10)}$　$\rightarrow$　$-\dfrac{50}{\omega^2\left(j\dfrac{\omega}{10}+1\right)\left(j\dfrac{\omega}{5}+1\right)}$

$s=0$（重根），$-5,-10$

$(-1, j0)$ をつねに右手に見ながら原点に近づく　$\rightarrow$　不安定

（ボード線図やラウスの安定判別法を使った判断もある）

$\theta(\omega)=-180°-\tan^{-1}\dfrac{\omega}{5}-\tan^{-1}\dfrac{\omega}{10}<-180°$

（2）　$\dfrac{30}{s(s+5)}$

$s=0,-5$

$(-1, j0)$ をつねに左手に見ながら近づく　$\rightarrow$　安定

$\theta(\omega)=-90°-\tan^{-1}\dfrac{\omega}{5}>-180°$

（3）　$\dfrac{40(s+1)}{s(s+5)(s+10)}=\dfrac{40}{s(s+5)}\dfrac{s+1}{s+10}$　$\rightarrow$　$\dfrac{40}{j\omega(j\omega+5)}\dfrac{j\omega+1}{j\omega+10}$

46   3. 負帰還（フィードバック）

$s = 0, -5, -10$

$z = -1 \;\rightarrow\; $ 安定

$$\theta(\omega) = -90° + \tan^{-1}\omega - \tan^{-1}\frac{\omega}{5} - \tan^{-1}\frac{\omega}{10} > -180°$$

■

3.6 指令値追随性

図 3.5 のループ補償回路 $C(s)$ を含む負帰還システムの例では，入力 $X(s)$ に対する出力 $Y(s)$ は式 (3.14) で表される。

開ループ伝達関数 $|KC(s)G(s)| \rightarrow \infty$ のとき，$X(s)/K$（目標値）が出力される。

$$Y(s) = \frac{C(s)G(s)}{1 + KC(s)G(s)} X(s) \tag{3.14}$$

しかし，$KC(s)G(s)$ が有限の値だと指定値からのずれが生じ，その出力偏差 $E(s)$ が式 (3.15) となる。

$$E(s) = \frac{X(s)}{K} - Y(s) = \frac{1}{K}\frac{1}{1 + KC(s)G(s))} X(s) \tag{3.15}$$

例えば，単位ステップ信号 $X(s) = 1/s$ の入力のとき，ラプラス変換の最終値定理を適用して定常偏差 $e(\infty)$ は式 (3.16) となる。この式 (3.16) の最右辺より，ループ補償回路 $C(s)$ に積分器 $1/s$ が含まれていると，出力偏差 $e(\infty)$ は零になる。

$$e(\infty) = \lim_{s \to 0} s\left(\frac{1}{K}\frac{1}{1 + KC(s)G(s)}\frac{1}{s}\right) = \frac{1}{K}\frac{1}{1 + KC(0)G(0)} \tag{3.16}$$

さらに，表 3.3 に示すランプ関数 $(1/s^2)$ や $1/s^n$ などの入力信号に対して出力偏差 $e(\infty)$ をなくす（目標値追随性の担保）には，$s \rightarrow 0$ 付近での伝達関数 $C(s)$ の形が重要となる。すなわち，式 (3.17) より式 (3.18) を満たす開ループ伝達関数であれば，$1/s^n$ の入力信号（表 3.3）に対する出力の追随性が担保できる。

$$e(\infty) = \lim_{s \to 0} s\left(\frac{1}{K}\frac{1}{1 + KC(s)G(s)}\frac{1}{s^n}\right) \;\rightarrow\; 0 \tag{3.17}$$

3.6 指令値追随性　47

表 3.3　入力波形とそのラプラス変換

入力信号波形	￣	／	╱
ラプラス変換	$\dfrac{1}{s}$	$\dfrac{1}{s^2}$	$\dfrac{2}{s^3}$

$$KC(s)G(s) = \frac{k}{s^n} \tag{3.18}$$

さまざまな入力信号に対する定常偏差をなくすには，ループ補償回路に含まれる $1/s$（積分器）の数を増やすとよいが，積分器が増えると閉ループシステムは不安定になりやすい。現実のシステムでは $n=1$ のループ補償回路 $C(s)$ が使用されている。

例題 3.12

（1），（2）のブロック線図で示される負帰還回路に単位ステップ信号を入力したとき，定常偏差を求めなさい（ヒント：最終値定理の使用）。

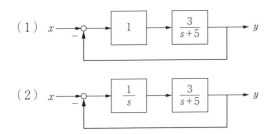

【解答】

（1）　$G_c(s) = \dfrac{\dfrac{3}{s+5}}{1+\dfrac{3}{s+5}} = \dfrac{3}{s+8}$　→　$Y(s) = G_c(s)X(s)$

$E(s) = (1 - G_s(s))X(s)$　→　定常偏差：$e(\infty) = 1 - \lim\limits_{s \to 0} s\dfrac{3}{s+8}\dfrac{1}{s} = 1 - \dfrac{3}{8} = \dfrac{5}{8}$

48　　　3. 負帰還（フィードバック）

（2）　$G_c(s) = \dfrac{\dfrac{1}{s}\dfrac{3}{s+5}}{1+\dfrac{1}{s}\dfrac{3}{s+5}} = \dfrac{3}{s^2+5s+3}$

→　定常偏差：$e(\infty) = 1 - \lim\limits_{s\to 0} s \dfrac{3}{s^2+5s+3}\dfrac{1}{s} = 0$

開ループ伝達関数に積分項 $1/s$ が含まれていない（1）のケースでは，定常偏差は大きいことがわかる。

例題 3.13

図の帰還回路の K 値が 1，10，100
の場合，ステップ信号を入力してから
十分時間が経過したときの出力値を求
めなさい（ヒント：最終値定理の使用）。

$$G(s) = \dfrac{1}{s^2+s+1}$$

【解答】

閉ループ伝達関数は

$$G_c(s) = \frac{KG(s)}{1+KG(s)} = \frac{\dfrac{K}{s^2+s+1}}{1+\dfrac{K}{s^2+s+1}} = \frac{K}{s^2+s+1+K}$$

$$Y(s) = G_c(s)\frac{1}{s} = \frac{K}{s^2+s+1+K}\frac{1}{s}$$

$$\lim_{t\to\infty} y(t) = \lim_{s\to 0} s\cdot Y(s) = \lim_{s\to 0}\frac{K}{s^2+s+1+K} = \frac{K}{K+1}$$

$$K=1 \quad \rightarrow \quad \frac{1}{2}$$

$$K=10 \quad \rightarrow \quad \frac{10}{11}$$

$$K=100 \quad \rightarrow \quad \frac{100}{101}$$

K の増加とともに定常出力値は 1 に近づく。

3.7 コンバータに適した開ループ伝達関数

降圧コンバータ（7 章参照）を安定に動作させるには，その開ループ伝達関数を各周波数領域において特徴的な特性にする必要がある（**図 3.7**）。

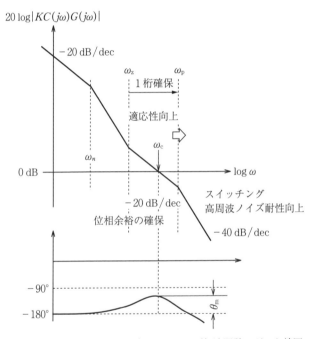

図 3.7 スイッチング電源に適した開ループ伝達関数のボード線図

（1） 低周波領域の特性

ステップ入力信号に対する定常偏差をなくすため，低周波領域の開ループ伝達関数 $KC(j\omega)G(j\omega)$ を図 3.7 のように $-20\,\mathrm{dB/dec}$ 程度にする（式 (3.16) 参照）。

50   3. 負帰還（フィードバック）

（2） クロスオーバー角周波数 ω_c 付近の特性

システムの安定動作の観点からは，開ループ伝達関数のクロスオーバー角周波数 ω_c 付近で位相余裕 θ_m（45°以上）を確保するため，式 (3.19) のループ補償回路 $C(s)$ を設けて，ω_z と ω_p の幾何（相乗）平均を $\omega_c = \sqrt{\omega_z \omega_p}$ に設定する（例題 3.9 参照）。こうして ω_c 付近の勾配を $-20\,\mathrm{dB/dec}$ に近づける。

$$C(s) = \frac{1}{s} \frac{1 + \dfrac{s}{\omega_z}}{1 + \dfrac{s}{\omega_p}} \tag{3.19}$$

式 (3.19) は，ω_c 付近の勾配調整だけでなく低周波領域の $-20\,\mathrm{dB/dec}$ の勾配も同時に生成する優れたループ補償回路として広く使用されている。

ちなみに，補償回路 $C(s)$ を設けなければ，ω_c 付近で開ループ伝達関数の位相が $-180°$ となり，フィードバックによってコンバータの動作は不安定になる。

（3） 高周波領域の特性

高周波領域（$\omega \gg \omega_p$）ではスイッチングによる高周波ノイズを除去するため，急峻な勾配（$-40\,\mathrm{dB/dec}$）にする（図 3.7）。これは，式 (3.19) のループ補償回路を採用すれば可能である。

例題 3.14

開ループ伝達関数 $G(s)$ のボード線図を描き，クロスオーバー角周波数 ω_c，位相余裕 θ_m を求めなさい。また，閉ループにしたときのシステムの動作が安定か不安定かを判別しなさい。

$$G(s) = \frac{1}{s(s+1)}$$

3.7 コンバータに適した開ループ伝達関数

【解答】

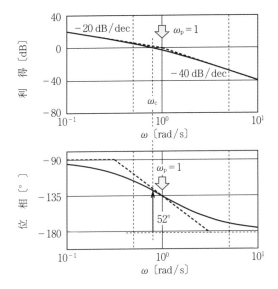

クロスオーバー角周波数 ω_c の計算は以下のとおりである。

$$\left|\frac{1}{j\omega_c(j\omega_c+1)}\right|=1 \quad \omega_c^4+\omega_c^2=1 \quad \omega_c^2=\frac{-1+\sqrt{5}}{2} \quad \omega_c=\sqrt{\frac{1.236}{2}}=0.786$$

$$\omega_c \fallingdotseq 0.8 \text{ rad/s}$$

位相余裕：$\theta_m = \tan^{-1}\dfrac{\omega_c}{\omega_p} \fallingdotseq \tan^{-1} 0.8 = 52°$ → システムの動作は安定

■

例題 3.15

開ループ伝達関数 $G(s)$ のクロスオーバー角周波数 ω_c における位相余裕 θ_m を求めなさい。また，閉ループにしたとき，システムは安定か不安定かを判別しなさい。

$$G(s)=\frac{A}{s(s+2)(s+4)} \quad \omega_c=0.125 \text{ rad/s}$$

【解答】

$$\frac{A}{j\omega_c(j\omega_c+2)(j\omega_c+4)} \quad \omega_c=0.125 \text{ rad/s}$$

位相の遅れ：$\theta(\omega_c) = -90° - \tan^{-1}\dfrac{\omega_c}{2} - \tan^{-1}\dfrac{\omega_c}{4} = -90° - 3.6° - 1.8° = -95.4°$

位相余裕：$\theta_m = \theta + 180° = 84.6°$ → 安定

3.8 外乱・ノイズの抑制

3.3節の冒頭で述べた負帰還で得られる効用（① システムの安定動作，② 偏差の抑制，③ 優れた耐外乱・ノイズ性能）のうち，ここでは ③ 外乱・ノイズに対する負帰還の効果を説明する。

3.8.1 外乱・ノイズの影響

図3.8の負帰還システムに外乱 $d(s)$ や帰還経路の計測ノイズ $n(s)$ が入ると，入力 $X(s)$ と出力 $Y(s)$ との間には式 (3.20) の関係が成り立つ。

$$Y(s) = C(s)G(s)(X(s) - Y(s) - n(s)) + d(s) \tag{3.20}$$

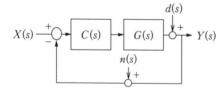

図3.8 外乱 $d(s)$ と帰還経路のノイズ $n(s)$ を考慮した負帰還システムのブロック線図

式 (3.20) を整理すると式 (3.21) が得られる。

$$Y(s) = \dfrac{C(s)G(s)}{1 + C(s)G(s)} X(s) - \dfrac{C(s)G(s)}{1 + C(s)G(s)} n(s) + \dfrac{1}{1 + C(s)G(s)} d(s) \tag{3.21}$$

式 (3.21) の右辺第1項が入力に対する応答，第2項がノイズ $n(s)$ に対する応答，第3項が外乱応答である。式 (3.21) から $|C(s)G(s)| \gg 1$ であれば外乱 $d(s)$ の出力への影響はきわめて小さいが，計測ノイズ $n(s)$ は減衰することなく出力される。すなわち，図3.8の負帰還制御システムでは，ノイズ $n(s)$ に対する伝達関数 $N(s)$ と外乱 $d(s)$ に対する伝達関数 $D(s)$ との間には式 (3.24)

が成り立ち，双方の影響を同時に抑えることはできないことがわかる．

$$N(s)\left(=-\frac{Y(s)}{n(s)}\right)=\frac{C(s)G(s)}{1+C(s)G(s)} \tag{3.22}$$

$$D(s)\left(=\frac{Y(s)}{d(s)}\right)=\frac{1}{1+C(s)G(s)} \tag{3.23}$$

$$N(s)+D(s)=1 \tag{3.24}$$

3.8.2 二自由度制御系による指令値への追従性の改善

入力信号 $X(s)$ を $G(s)$ に直接，フィードフォワードする伝達経路のあるシステムを図 3.9 に示す．この系では，式 (3.25) に示すようにノイズ $n(s)$ と外乱 $d(s)$ に対する伝達関数は式 (3.22)，(3.23) と同じになる．一方，入出力間の伝達関数 $T(s)$ は式 (3.26) で表されることから，$F(s)$ を適切に選べば出力 $Y(s)$ はノイズ $n(s)$ や外乱 $d(s)$ の影響を受けない．

$$Y(s)=F(s)X(s)-\frac{C(s)G(s)}{1+C(s)G(s)}n(s)+\frac{1}{1+C(s)G(s)}d(s) \tag{3.25}$$

$$T(s)=F(s) \tag{3.26}$$

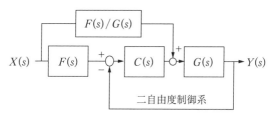

図 3.9　二自由度制御系システムのブロック線図

このシステムでは，動作の安定性の鍵を握る開ループ伝達関数 $C(s)G(s)$ とは独立した関数 $F(s)$ が設定可能であり，式 (3.27) がよく使われている．

$$F(s)=\frac{1}{\left(1+\dfrac{s}{\omega_\mathrm{f}}\right)^n} \tag{3.27}$$

二自由度制御系システムでは，外乱やノイズの抑制はフィードバック制御で行い，指令値への追従性は適切な $F(s)$ を選んで改善することができる．

4. 根 軌 跡 法

　閉ループシステムの過渡特性は特性方程式（閉ループ伝達関数 $G_c(s)$ の分母）の根（極）で決まる。すべての極が複素数平面の左半面にあれば，システム動作は安定であるが，右半面に極が一つでもあればシステムは不安定になる。さらに，複素数平面上の極の配置から，閉ループシステムの過渡特性が減衰振動していくときの周波数や減衰時定数までわかる。

　本章では，まず，フィードバック係数の変化によって閉ループシステムの極がたどる複素数平面上の軌跡の可視化法（根軌跡法）を説明する。続いて，根軌跡法を使ってループ補償回路の適切な選択やパラメータの最適値が算出できることを示す。

4.1　根軌跡の描画法

　根軌跡法は，閉ループシステムのフィードバック係数 K を $0 \sim \infty$ の範囲で変えたとき，閉ループ伝達関数の極の軌跡を複素数平面上に可視化したものである。この根軌跡から，応答時間，振動の様相や，どの K の値を境にシステム動作が安定から不安定に切り替わるのかなどを読み解くことができる。

　図 4.1 の例では，$K=0$ の場合，閉ループ伝達関数 $G_c(s)$（式 (4.1)）は開ループ伝達関数 $C(s)G(s)$ となり，$C(s)G(s)$ の極が閉ループ伝達関数 $G_c(s)$ の根軌跡の始点になる。

　$K \neq 0$ のときには，式 (4.2)，すなわち式 (4.3) を満たす点 s が根軌跡となる。

$$G_c(s) = \frac{C(s)G(s)}{1 + KC(s)G(s)} \tag{4.1}$$

$$1 + KC(s)G(s) = 0 \tag{4.2}$$

4.1 根軌跡の描画法　55

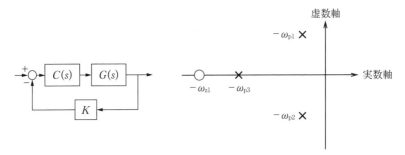

（a）負帰還システムのブロック線図　　（b）$K=0$のときの極と零の配置例

図4.1　帰還システムのブロック線図と$K=0$のときの極と零の配置例

$$KC(s)G(s) = K\frac{(s+\omega_{z1})(s+\omega_{z2})\cdots}{(s+\omega_{p1})(s+\omega_{p2})\cdots} = K\frac{r_{z1}e^{j\theta_1}r_{z2}e^{j\theta_2}\cdots}{r_{p1}e^{j\phi_1}r_{p2}e^{j\phi_2}\cdots} = -1 \quad (4.3)$$

$-\omega_{p1},-\omega_{p2},\ldots,\ -\omega_{z1},-\omega_{z2},\ldots$は$C(s)G(s)$に含まれる極と零の複素数平面上の座標である。図4.2に示すように，r_{zi}は$|s+\omega_{zi}|$の動径，θ_iは$s+\omega_{zi}$の偏角，r_{pi}は$|s+\omega_{pi}|$の動径，ϕ_iは$s+\omega_{pi}$の偏角である。

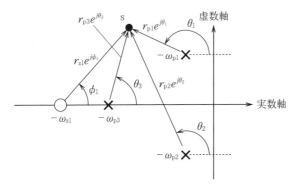

図4.2　根軌跡の計算（式(4.4a)，(4.4b)）に使用する$(s+\omega_{zi})\cdots,\ (s+\omega_{pi})\cdots$の偏角$\phi,\theta$とそれぞれの動径$r_z,r_p$

式(4.3)より，式(4.4a)の位相条件と式(4.4b)のゲイン条件の双方を同時に満たす点s（複素数）が根軌跡である（図4.2）。Nは整数である。

位相条件：$\sum_i \theta_i - \sum_j \phi_j = \pi + 2\pi N$ \hfill (4.4a)

ゲイン条件：$\dfrac{r_{z1}r_{z2}\cdots}{r_{p1}r_{p2}\cdots}=\dfrac{1}{K}$ (4.4b)

根軌跡の終点（$K=\infty$）は，式(4.3)から導いた式(4.5)より，開ループ伝達関数$KC(s)G(s)$の零（$-\omega_{z1}, -\omega_{z2}, \cdots$）になる。

$$(s+\omega_{z1})(s+\omega_{z2})\cdots=0 \quad \because\ K=\infty \tag{4.5}$$

なお，根軌跡法では，開ループ伝達関数$KC(s)G(s)$の極（$K=0$の始点）と零（$K=\infty$の終点）は対になっており，始点（極）と終点（零）の数が一致しない場合は無限遠が終点となる。

例題 4.1

図に示す負帰還システムの根軌跡を求めなさい。

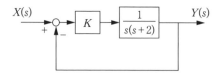

【解答】

特性方程式は式(1)のとおりsに関する二次式になる。

$$1+KG(s)=1+\dfrac{K}{s(s+2)}=0 \quad \rightarrow \quad s^2+2s+K=0 \tag{1}$$

この場合は，根の公式を使って簡単に根軌跡を求めることができる。

$$s_1, s_2 = -1\pm\sqrt{1-K}$$

閉ループの根軌跡は，始点（$K=0$）の$(0, j0)$と$(-2, j0)$から，$K<1$で実数軸上

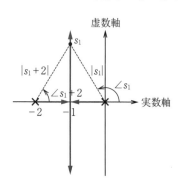

を $(-1, j0)$ にまで近づき，$K>1$ では $(-1, j0)$ を通る垂直線になる。

$$\angle \frac{K}{s(s+2)}\bigg|_{s=s_1} = -\angle s_1 - \angle(s_1+2) = -[(\pi-\theta)+\theta] = -\pi$$

式 (4.4a) の位相条件は，0 と -2 の垂直二等分線上の任意の点で満たされる。∎

例題 4.1 では二次関数の根の公式を使って特性方程式の極を導いたが，特性方程式が s の高次式だと根は簡単には得られない。しかし，特性方程式の極は式 (4.4a) と式 (4.4b) に基づく根軌跡法で可視化できる。

根軌跡の正確な計算はかなり煩雑であるが，以下のポイントに則って根軌跡を描くとその概略はわかる。

（1）　根軌跡は実軸に対して対称

（2）　始点は開ループ伝達関数の極

（3）　根軌跡は開ループ伝達関数の極の数に等しい

（4）　終点は開ループ伝達関数の零もしくは無限遠

（5）　実数軸上の根軌跡は開ループ伝達関数の極と零を右側から一つおきに結んだ線分

（6）　無限遠点の零に終わる根軌跡の分岐の漸近線の傾き角は

$$\frac{(2k+1)}{n-m}\pi \qquad k=0, 1, 2, \cdots, n-m-1 \qquad n：極の数 \qquad m：零の数$$
$$\text{(4.6a)}$$

漸近線と実数軸との交点 σ は

$$\sigma = \frac{\sum_i \omega_{pi} - \sum_j \omega_{zj}}{n-m} \qquad\qquad \text{(4.6b)}$$

（7）　実数軸上の分岐点の s の値は，$1+KC(s)G(s)=0$ が重根（実数）を持つ条件の式 (4.7) を使って計算する

$$\frac{\mathrm{d}C(s)G(s)}{\mathrm{d}s}=0 \qquad\qquad \text{(4.7)}$$

上述の（1）〜（7）の手順で開ループ伝達関数 $KC(s)G(s)$ の零と極の配置から閉ループの根軌跡をイメージすれば，閉ループシステム $G_c(s)$ が迅速に応答

する極の配置の有無が確認できる。

例題 4.2

以下の開ループ伝達関数を持つシステムの根軌跡を図示しなさい。

(a) $C(s)G(s) = \dfrac{1}{s+2}$

(b) $C(s)G(s) = \dfrac{2(s+2)}{s(s+4)}$

(c) $C(s)G(s) = \dfrac{1}{(s+2)(s+4)}$

【解答】

(a) の根軌跡は始点 ($K=0$) となる極 ($-2, j0$) から左右に進む軌跡が考えられるが,偏角が π の条件 (式 (4.4a)) を満たす左に進む軌跡 (灰色矢印) が正解である (ポイント (5))。

(b) の例では,始点 ($K=0$) の極が ($-4, j0$) と ($0, j0$) の 2 か所があり,根軌跡は 2 本である。ポイント (5) によると図 (b) の灰色矢印が正解となる。

(c) に関しても,始点 ($K=0$) の極 ($-2, j0$), ($0, j0$) からスタートする根軌跡は 2 本である。終点 ($K=\infty$) は無限遠 (2 か所) である。漸近線の角度はポイント (6) において,$n=2$, $m=0$ を代入して,$\pi/2$, $3\pi/2$ である。

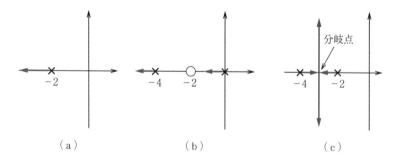

(a)　　　　(b)　　　　(c)

例題 4.3

以下の問いに答えなさい。

(1) 以下の開ループ伝達関数を用いて閉ループシステムの根軌跡を求めなさい。

$$KC(s)G(s) = K\frac{s-1}{(s+2)(s+4)}$$

(2) 安定動作するためのフィードバック係数 K の範囲を求めなさい。

ヒント：極が左半平面に入るときの K 値を計算する。

【解答】

(1) $K=0$ の開ループ伝達関数 $KC(s)G(s)$ の極 $(-2, j0)$ と $(-4, j0)$ が始点であり，根軌跡は2本になる。終点 $(K=\infty)$ は開ループ伝達関数の零 $(1, j0)$ と無限遠の2か所である。ポイント（5）を適用して図示すると灰色矢印となる。

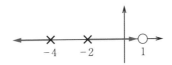

(2) K を大きくしていくと，根軌跡は $(-2, j0)$ の始点 $(K=0)$ から複素数平面上を右側に移動する。閉ループシステムの特性方程式の根が虚数軸をまたぐ $s=0$ の K 値は

$$1 + K\frac{0-1}{(0+2)(0+4)} = 0$$

より，$K=8$ となる。

閉ループ伝達関数のすべての極を複素数平面の左側に配置（安定動作条件）するための条件は $0 \leq K < 8$ である。 ■

例題 4.4

以下の開ループ伝達関数の根軌跡と分岐点の座標を求めなさい。

(a) $C(s)G(s) = \dfrac{1}{(s+2)(s+4)}$

(b) $C(s)G(s) = \dfrac{1}{s(s+2)(s+3)}$

【解答】

(a) 始点は $(-2, j0), (-4, j0)$ の2か所，終点は無限遠（2か所）なので，根軌跡は2本である。漸近線の角度はポイント（6）において，$n=2$, $m=0$ を代入して，

$\pi/2$, $3\pi/2$ となる。

分岐点は

$$\frac{\mathrm{d}C(s)G(s)}{\mathrm{d}s}=0$$

より

$$\frac{\mathrm{d}}{\mathrm{d}s}(s^2+6s+8)=0 \quad \therefore\ 2s+6=0 \ \to\ s=-3$$

である。

（b） 始点は $(0,j0)$, $(-2,j0)$, $(-3,j0)$ の 3 か所，終点は無限遠（3 か所）の 3 本の根軌跡である。漸近線の角度はポイント（6）において，$n=3$, $m=0$ を代入して，$\pi/3$, π, $5\pi/3$ である。

分岐分は

$$\frac{\mathrm{d}}{\mathrm{d}s}(s^3+5s^2+6s)=0$$

$$\therefore\ 3s^2+10s+6=0 \ \to\ s=-2.5,-0.78 \quad (s=-2.5 \text{は除外})$$

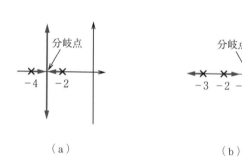

(a)　　　　　　　　　　(b)

4.2　根軌跡のイメージ

4.1 節で説明した根軌跡法の描き方の手順を追えば根軌跡の概略は把握できるが，根軌跡を何度も描いていると，（1）〜（7）の手順を追わなくても，頭の中で根軌跡がイメージできるようになる。

図 4.3 に示す極（×）の根軌跡は，① たがいに反発しながら離れていく電気力線のイメージと，② 実数軸上の極は零（無限遠を含む）に吸収されるこ

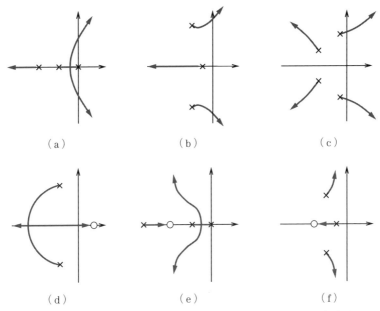

図 4.3 (a)〜(c) は極 (×) が 3〜5 個の例，(d)〜(f) は極 (×) と
零 (○) が含まれる根軌跡の例

とから，極配置（始点）からの根軌跡がおおよそ推測できる。

開ループの伝達関数に零（○）が含まれる場合，図 4.3(d)〜(f) のように始点の極（×）からの軌跡が終点の零もしくは無限遠で終わる図となる。複素数平面の右半面の極を含むシステムは不安定であるが，負帰還によってすべての極が複素数平面の左半面に収まるように帰還係数 K を調整すれば，閉ループシステムの動作は安定になる。

例題 4.5

正の零を有する以下の伝達関数の根軌跡を求めなさい。

$$C(s)G(s) = \frac{s-1}{(s+2)(s+4)}$$

また，閉ループ伝達関数のすべての極が左半平面に収まるフィードバック係数 K の範囲を求めなさい。

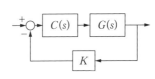

【解答】

ベクトル軌跡は

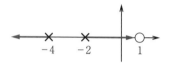

根軌跡が原点を通過するとき，次式が成り立つ．

$$1 + K\frac{0-1}{(0+2)(0+4)} = 0 \rightarrow K = 8$$

すべての極が左半平面に収まり，閉ループシステムが安定動作する K の範囲は $0 \leq K < 8$ である．

4.3 根軌跡法の活用例

図 4.4 に示す伝達関数 $G(s) = \dfrac{1}{s(s+1)(s+2)}$ の被制御システムの出力を係数 K でフィードバックした制御システムの過渡応答特性は，開ループ伝達関数 $KG(s)$ の極の位置から推定できる．

$$KG(s) = \frac{K}{s(s+1)(s+2)} \tag{4.8}$$

図 4.4 負帰還システムのブロック線図

応答特性の優れたシステムの伝達関数は $\zeta = 0.5 \sim 0.8$ （式 (2.9)）の支配極 (1.2, 1.3 節参照) を有している．$\zeta = 0.5$ の場合，図 4.5 に示すように，双曲線状の式 (4.8) の根軌跡と，原点からの傾き $\pm \sqrt{3}$ の直線との交点が支配極 (図 4.5 の灰色丸印) となる (式 (4.9))．

4.3 根軌跡法の活用例

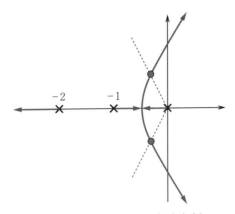

図4.5 式 (4.8) の根軌跡（灰色矢印）

$$\omega_{\text{p1,2}} = \frac{-1 \pm j\sqrt{3}}{3} \tag{4.9}$$

ちなみに，$(-2, j0)$ を始点とする根軌跡は，過渡応答の収束性には影響しない。式 (4.9) の極を与える $K = 28/27$ を用いると，閉ループ伝達関数は式 (4.10) となる。

$$G_c(s) = \frac{\dfrac{28}{27}}{s^3 + 3s^2 + 2s + \dfrac{28}{27}} = \frac{\dfrac{28}{27}}{\left(s + \dfrac{7}{3}\right)\left(s^2 + \dfrac{2}{3}s + \dfrac{4}{9}\right)} \tag{4.10}$$

この結果，ステップ信号を入力した場合の定常偏差は零であるが，ランプ波形 $1/s^2$ 入力による定常速度偏差 $e_v(\infty)$ は式 (4.11) になる。

$$\text{定常速度偏差}：e_v(\infty) = \lim_{s \to 0} s[1 - G_c(s)]\frac{1}{s^2} = \frac{54}{28} \doteqdot 1.93 \tag{4.11}$$

さらに，誤差が2%までに収まるセトリング時間 T_{st} は例題 1.1 の結果から式 (4.12) となる。

$$T_{\text{st}} \doteqdot \frac{4}{\zeta\omega_n} = \frac{4}{0.5 \times \dfrac{2}{3}} = 12 \text{ s} \tag{4.12}$$

図 4.4 の例では，ランプ波形入力による $e_v(\infty)$ とセトリング時間 T_{st} がかなり大きく，フィードバック係数 K を最適化してもその収束性には限界がある

64   4. 根 軌 跡 法

ことがわかる。

例題 4.6

図4.4の閉ループシステムの極 ($\zeta=0.5$) を図4.5の灰色丸印の位置に配置するとき，$K=28/27$ となることを示しなさい。

【解答】

$1+\dfrac{K}{s(s+1)(s+2)}=0$ より，特性式は $s^3+3s^2+2s+K=0$ となる。これに座標 $x+j\sqrt{3}x$ を代入して整理すると式 (1) となる。

$$-8x^3+6(j\sqrt{3}-1)x^2+2(1+j\sqrt{3})x+K=0 \tag{1}$$

虚数部：$2\sqrt{3}j(3x+1)x=0$ より　　$x=-\dfrac{1}{3}, 0$　→　支配極は $-\dfrac{1\pm j\sqrt{3}}{3}$

実数部：$-8x^3-6x^2+2x+K=0$ に $x=-\dfrac{1}{3}$ を代入して　　$K=\dfrac{28}{27}$

∎

図4.4のシステムの過渡応答特性を改善すべく，**図4.6**のように $G(s)$ の前段にループ補償回路を挿入する。

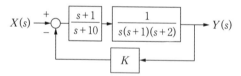

図4.6　図4.4のシステムにループ補償回路を付加したシステム

ループ補償回路の伝達関数は，応答の遅い極 ($s=-1$) を零で相殺する式 (4.13) とする。

$$C(s)=\dfrac{s+1}{s+10} \tag{4.13}$$

この結果，開ループ伝達関数は式 (4.14) となる。

$$KC(s)G(s)=\dfrac{K}{s(s+2)(s+10)} \tag{4.14}$$

係数 K を変化させた根軌跡を**図4.7**に示す。図4.5の例と同様な計算で K

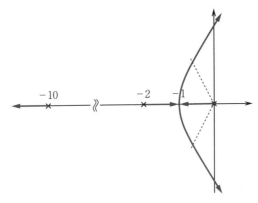

図 4.7 ループ補償回路を追加した図 4.6 のシステムの
　　　　根軌跡

を最適化すると，閉ループ伝達関数 $G_c(s)$ は式 (4.15) となる．

$$G_c(s) = \frac{\dfrac{775}{27}}{\left(s + \dfrac{31}{3}\right)\left(s^2 + \dfrac{5}{3}s + \dfrac{25}{9}\right)} \tag{4.15}$$

式 (4.15) の閉ループ伝達関数から，ランプ入力に対する定常速度偏差 $e_v(\infty)$
$\fallingdotseq 0.7$ とセトリング時間 $T_{st} \fallingdotseq 5$ 秒が得られる．

このように，ループ補償回路を導入して極の配置を変更すれば，定常誤差と即応性の双方を同時に改善することができる．

ループ補償回路を追加すると根軌跡の様相が一変することから，システムの設計段階で，帰還係数 K の最適化や適切なループ補償回路を選択すれば，より優れた過渡特性の閉ループシステムに変更できる．

5. PID 制御

　化学プラントは反応器，蒸留塔，熱交換器，ポンプなど多数の装置で構成されており，その数式モデルを導出することはほぼ不可能である。このため，現場では最適な制御法の代わりに，実用レベルで十分使用に足る半経験的な PID 制御が主流になっている。この制御法は，実測できるプラントの過渡応答から，現場で PID 制御パラメータの調整ができる優れた方法（限界感度法）である。汎用性の高いこともあって，産業界では 80 年以上も使われてきた実績がある。

5.1 PID 制御の概要

　4章までの説明は被制御システムの伝達関数 $G(s)$ が既知であることを前提としていたが，実際のプラントでは伝達関数 $G(s)$ が明確ではないことも多い。このような被制御システム $G(s)$ に対しては，現場のオペレータが図 5.1 の制御ブロック $C(s)$ の制御パラメータ K_p, K_i, K_d を試行錯誤的に最適化していく制御法（PID 制御）がある。

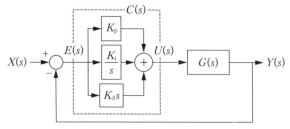

図 5.1　PID 制御器 $C(s)$ を組み込んだフィードバックシステムのブロック線図

PID 制御は，被制御システム $G(s)$ のモデリングが困難な産業プロセス機械の制御において，今日なお盛んに使用されている。実際，$G(s)$ が不明確な化学プラントなどでは，応答の実測値から制御パラメータを調整する PID 制御が主流になっている。

PID 制御では，偏差 $e(t) = x(t) - y(t)$ に重み係数を掛けた比例（P）操作に加えて，積分（I）操作と微分（D）操作を含めて制御特性を改善する。

$$u(t) = K_\mathrm{p} e(t) + K_\mathrm{i} \int_0^t e(\tau) \mathrm{d}\tau + K_\mathrm{d} \frac{de(t)}{dt} \tag{5.1}$$

比例（P）制御だけで偏差 $e(t)$ を抑えるには K_p を大きくしなければならないが，被制御システムの伝達関数 $G(s)$ が二次以上だとシステムが不安定になったり，定常値に落ち着くまでに長時間かかる。この問題を解決するために，積分（I）制御により直流利得を無限大にして定常偏差を抑えている（3.6節参照。積分項 $1/s$ によって偏差 $e(\infty) = 0$ となる）。

さらに，偏差 $e(t)$ の微分（D）操作（偏差の将来値）を加えた PID 制御では，過渡応答特性の改善に効果がある。

これら三つのパラメータ K_p, K_i, K_d は，それぞれ現在の偏差に比例する係数，過去の累積偏差に比例する係数，現在の偏差の微分値から推定される将来の偏差に比例する係数である。まとめると，図 5.1 のループ補償回路 $C(s)$ の伝達関数は式 (5.2) で表される。

$$C(s) = K_\mathrm{p} + \frac{K_\mathrm{i}}{s} + K_\mathrm{d} s \tag{5.2}$$

プラント制御の現場では，比例（P），積分（I），微分（D）の一部を省略（パラメータ K_p, K_i, K_d の一部をゼロに設定）した PI 制御，PD 制御，P 制御，I 制御なども使われている。

5.2 パラメータ調整法

PID 制御器では，K_p, K_i, K_d の三つのパラメータの「チューニング」（調整）

68　　5.　PID　　制　　御

が必要である。ここでは，PID パラメータ調整のなかでも最もよく使われている限界感度法について説明する。これは，実システムにおける実測結果を基に，半試行錯誤的に PID 制御パラメータを得る方法である。

Ziegler-Nichols チューニング方法（限界感度法）による図 5.1 の PID 制御パラメータ（K_p, K_i, K_d）を求める手順は以下のとおりである。

（1）　$K_i = 0$，$K_d = 0$ の下で，K_p を徐々に大きくして，出力がしだいに振動状態に移る様子を観察する。

（2）　振動が持続し始める K_p 値を限界感度 K_u とする。

（3）　持続的な振動状態の振動周期 T_u を実測から求める。

$K_i = 0$，$K_d = 0$ における P 制御のパラメータ $K_p \fallingdotseq K_u$ 付近では，伝達関数 $C(j\omega)G(j\omega)$ のベクトル軌跡は $(-1, j0)$ 近傍を通過している。位相余裕を確保するため，K_p を限界感度の半分（$K_u/2$）に設定し，K_i と K_d の値を変えて所望の応答になるように微調整する。Ziegler-Nichols によるパラメータ K_p，K_i，K_d の経験値を**表 5.1** に示す。

表 5.1　Ziegler-Nichols が推奨する P 制御，
PI 制御，PID 制御のパラメータ

	K_p	K_i	K_d
P	$0.5K_u$	–	–
PI	$0.45K_u$	$0.54\dfrac{K_u}{T_u}$	–
PID	$0.6K_u$	$1.2\dfrac{K_u}{T_u}$	$\dfrac{0.6K_u T_u}{8}$

Ziegler-Nichols のチューニング法は，被制御プラントの伝達関数 $G(s)$ が不明でも使える便利な手法であるが，すべての被制御プラントに適用できるわけではない。

例題 5.1

安定に動作する以下の閉ループシステムに（1）〜（3）の信号を入力した場合の定常偏差 $e(\infty)$ を求めなさい。

$$C(s) = K_{\mathrm{p}} + \frac{K_{\mathrm{i}}}{s} + K_{\mathrm{d}}s \quad G(s) = \frac{1}{Js^2 + Bs}$$

$x \longrightarrow \bigcirc \longrightarrow \boxed{C(s)} \longrightarrow \boxed{G(s)} \longrightarrow y$

（1）　$X(s) = \dfrac{1}{s}$

（2）　$X(s) = \dfrac{1}{s^2}$

（3）　$X(s) = \dfrac{2}{s^3}$

【解答】

$$G_{\mathrm{c}}(s) = \frac{C(s)G(s)}{1 + C(s)G(s)} = \frac{\dfrac{K_{\mathrm{p}} + \dfrac{K_{\mathrm{i}}}{s} + K_{\mathrm{d}}s}{Js^2 + Bs}}{1 + \dfrac{K_{\mathrm{p}} + \dfrac{K_{\mathrm{i}}}{s} + K_{\mathrm{d}}s}{Js^2 + Bs}} = \frac{K_{\mathrm{d}}s^2 + K_{\mathrm{p}}s + K_{\mathrm{i}}}{Js^3 + (B + K_{\mathrm{d}})s^2 + K_{\mathrm{p}}s + K_{\mathrm{i}}}$$

$$E(s) = (1 - G_{\mathrm{c}}(s))X(s) = \frac{Js^3 + Bs^2}{Js^3 + (B + K_{\mathrm{d}})s^2 + K_{\mathrm{p}}s + K_{\mathrm{i}}}X(s)$$

（1）　$e(\infty) = \lim_{s \to 0} sE(s) = \lim_{s \to 0} s(1 - G_{\mathrm{c}}(s))\dfrac{1}{s} = 0$

（2）　$e(\infty) = \lim_{s \to 0} sE(s) = \lim_{s \to 0} s(1 - G_{\mathrm{c}}(s))\dfrac{1}{s^2} = 0$

（3）　$e(\infty) = \lim_{s \to 0} sE(s) = \lim_{s \to 0} s(1 - G_{\mathrm{c}}(s))\dfrac{2}{s^3} = \dfrac{2B}{K_{\mathrm{I}}}$

∎

5.3　PID 制御器の周波数特性

PID 制御器の周波数特性 $C(j\omega)$ を図 5.2 に示す。積分器 (I) による低周波領域の高い利得により定常偏差 $e(t = \infty) = 0$ にすると同時に，零と極を $K_{\mathrm{i}}/K_{\mathrm{p}}$ と

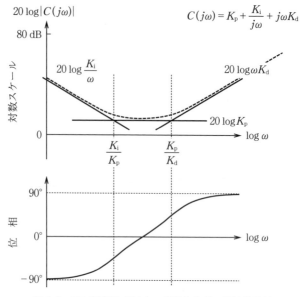

図5.2 PID制御器 $C(j\omega)$ の利得と位相の周波数特性

K_p/K_d に配置して高周波領域での位相を進めている．位相が進むことで，閉ループ時のシステムが安定に動作しやすくなる．

例えば，式 (5.3) の伝達関数 $G(s)$（$\zeta=0.3$）を有する被制御システムで PID 制御器がなければ，図 5.3 の破線のようにクロスオーバー角周波数 ω_c での位相余裕 $\theta_m \fallingdotseq 0$ となり，閉ループシステムの動作は不安定になる．

$$G(s) = \frac{100\omega_n^2}{s^2 + 2\zeta\omega_n s + \omega_n^2} \tag{5.3}$$

高周波帯域で位相を進める微分 (D) 操作を加えると，偏差 $e(t)$ の変化を受けて偏差を零に素早く近づけることができる．すなわち，高周波側の零 K_p/K_d の導入により，① クロスオーバー周波数 ω_c を高くし，② 位相余裕 θ_m が確保できる（閉ループシステムの安定動作につながる）可能性が高くなる．

5.3 PID 制御器の周波数特性

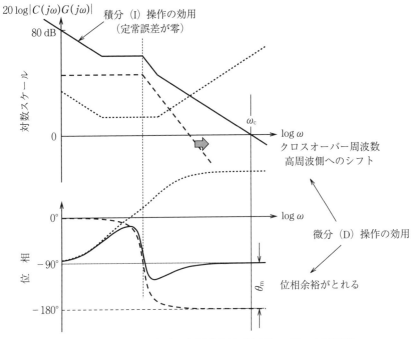

図 5.3 PID 制御器 $C(j\omega)$ の周波数特性(点線),二次の伝達関数 $G(j\omega)$ の周波数特性(破線),$C(j\omega)G(j\omega)$ の周波数特性(実線)

例題 5.2

被制御対象の伝達関数を $G(s) = \dfrac{1}{s+a}$ とし,(1)~(3)の制御器のステップ応答の定常偏差 $e(\infty)$ を求めなさい。

(1) P 制御　　$C(s) = K_\mathrm{p}$

(2) PI 制御　　$C(s) = K_\mathrm{p} + \dfrac{K_\mathrm{i}}{s}$

(3) PID 制御　　$C(s) = K_\mathrm{p} + \dfrac{K_\mathrm{i}}{s} + K_\mathrm{d} s$

72   5. PID 制 御

【解答】

（1） P 制御 $e(\infty) = \lim_{s \to 0} \dfrac{1}{1 + C(s)G(s)} = \dfrac{1}{1 + K_p \dfrac{1}{s+a}} = \dfrac{a}{a + K_p}$

（2） PI 制御 $e(\infty) = \lim_{s \to 0} \dfrac{1}{1 + C(s)G(s)} = \dfrac{1}{1 + \infty} = 0$

（3） PID 制御 $e(\infty) = \lim_{s \to 0} \dfrac{1}{1 + C(s)G(s)} = \dfrac{1}{1 + \infty} = 0$

積分（I）制御によって定常偏差は零になる。

6. コンバータの種類

　これまでに説明した制御工学の理論をコンバータ動作に適用する前に，被制御対象のコンバータの基本的な動作について考える。

　スイッチング電源は，図 6.1 に示すように，LC 共振回路を使用する共振型と，スイッチ素子によるパルス電圧波形の非共振型とに分類できる。スイッチング周波数を一定に維持したまま，パルス幅（デューティ比）を変更して出力電圧を制御する非共振型コンバータは，さらにトランスの有無によって絶縁型と非絶縁型に分けられる。

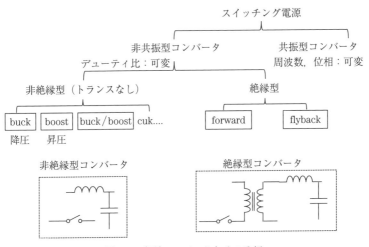

図 6.1　各種コンバータとその分類

　コンバータは，図 6.2 に示すように，電力転送を担うパワー段と出力電圧を一定に維持する制御回路から構成される。本章では，非共振型・非絶縁型コンバータのパワー段に焦点を絞り，その回路構成と基本動作を説明する。

　本巻では非共振型コンバータを取り扱い，スイッチング周波数で出力電圧を

6. コンバータの種類

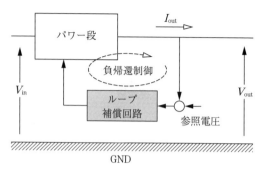

図 6.2　DC-DC コンバータの概念図

制御する共振型コンバータについては本シリーズ第 5 巻で説明している。

6.1　非絶縁型コンバータ

コンバータのパワー段はスイッチ，ダイオード，インダクタ，コンデンサで構成されており，電力を消費する抵抗は使用しない。ここでは，非絶縁型コンバータの代表格である降圧（buck）コンバータ，昇圧（boost）コンバータ，極性反転（buck/boost）コンバータを取り上げて，それらの連続動作モード（continuous conduction mode: CCM）および不連続動作モード（discontinuous conduction mode: DCM）の動作特性を説明する。

6.1.1　降圧コンバータ

図 6.3 に示す SW ノードの電位は，スイッチ・オン時には V_{in}，スイッチ・オフ時には $-V_F$（ダイオードの順方向電圧）となる。スイッチのオン/オフに応じて SW ノード電位が上下動（$V_{in}, -V_F$）する様子が，馬の後ろ足の蹴り上げ動作（buck）に似ていることから buck コンバータと呼ばれている。

パワー段の動作のポイントは，印加した電圧に対してコイルの電流が遅れて反応するコイル特有の性質にある。

スイッチがオンのとき，コイル（水車付き配管のイメージ：本シリーズ第 1 巻で説明している）の電流 I_L は，式 (6.1) のように時間 t に比例して増加する

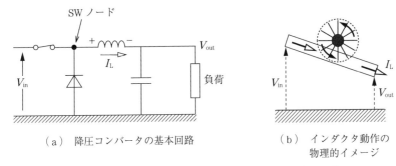

(a) 降圧コンバータの基本回路　　(b) インダクタ動作の物理的イメージ

図 6.3 降圧コンバータの基本回路とインダクタのイメージ

($V_{in} > V_{out}$)。

$$V_{in} - V_{out} = L \frac{dI_L}{dt} \tag{6.1}$$

つぎに，スイッチをオフ（SW ノードの電位：$-V_F$）にすると負の電圧が印加されたコイル（水車付き配管）の電流 I_L は，式（6.2）に従って時間とともに漸減する。

$$-V_F - V_{out} = L \frac{dI_L}{dt} \tag{6.2}$$

ただし，単調に減少するコイル電流 I_L は逆流防止用（転流）ダイオードの働きにより反転することはない。

（1）　連続伝導モード（CCM）

パワー段の動作解析にあたって，①出力電圧一定，②瞬時のスイッチング，③理想的なダイオードの導通・遮断特性（$V_F = 0\,\mathrm{V}$）を仮定する。

スイッチがオンの時間 t_{on} におけるコイル電流の増加量 $\Delta I_L(+)$ と，オフ時間 t_{off} のコイル電流の減少量 $\Delta I_L(-)$ は，式（6.1）と式（6.2）によりそれぞれ式（6.3）と式（6.4）になる（**図 6.4**）。

$$\Delta I_L(+) = \frac{V_{in} - V_{out}}{L} t_{on} \tag{6.3}$$

$$\Delta I_L(-) = \frac{V_{out}}{L} t_{off} \tag{6.4}$$

定常状態では $\Delta I_L(+) = \Delta I_L(-)$ の式（6.5）が成り立つ。T_s と D はスイッチ

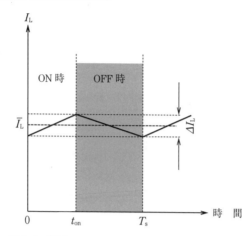

図 6.4 降圧コンバータにおけるコイル電流 I_L の変化

ング周期 $T_s = t_{on} + t_{off}$ とデューティ比 $D = t_{on}/T_s$ である。

$$(V_{in} - V_{out})t_{on} - V_{out}t_{off} = 0 \rightarrow V_{out} = V_{in}\frac{t_{on}}{t_{on}+t_{off}} = V_{in}D \quad (6.5)$$

式 (6.5) の $(V_{in} - V_{out})t_{on} - V_{out}t_{off} = 0$ はコイルの volt-second balance（コーヒーブレイク参照）である。

図 6.5（a）に示すように，小さなインダクタンス L のコイルを使用すると，電流の勾配 $\left(\frac{V_{in}-V_{out}}{L}, -\frac{V_{out}}{L}\right)$ の変化が大きく，リップル（変動）が増大する。また，スイッチング周波数を下げると図 6.5（b）のように電流リップルが増加する。これらのことから，電流リップルの抑制には大きなインダクタンス L のコイルを使用し，高周波でのスイッチングが望ましい。

出力負荷電流 I_{out} が減ると，図 6.5（c）のようにインダクタから供給される電流の勾配は不変のまま，その平均値が小さくなる。

インダクタ電流 I_L の下限が零になるコンバータ動作を臨界動作モード（critical conduction mode: CrCM）と呼ぶ。CrCM より大きな負荷（出力）電流の場合を連続伝導モード（CCM），逆に出力電流が CrCM より小さい場合を不連続伝導モード（DCM）と呼ぶ。

6.1 非絶縁型コンバータ

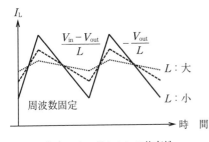
（a）インダクタンス依存性

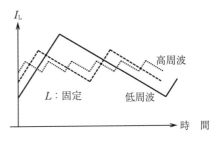
（b）スイッチング周波数依存性

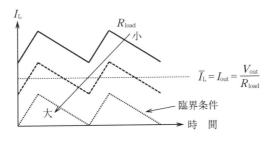
（c）出力負荷電流依存性

図 6.5 連続動作モード（CCM）におけるコイル電流の変動

例題 6.1

以下の降圧コンバータに関する問いに答えなさい。計算に際してダイオードの順方向電圧 $V_F=0$ とする。

（1）出力電圧を求めなさい。
（2）出力電流を求めなさい。
（3）インダクタの電流波形を求めなさい。

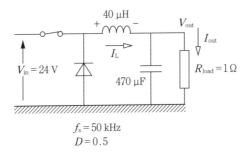

（4）上記の電流波形をスイッチの電流とダイオードの電流に分けなさい。

【解答】

（1） $V_{out} = V_{in}D = 24 \times 0.5 = 12\,\text{V}$

（2） $I_{out} = \dfrac{12\,\text{V}}{1\,\Omega} = 12\,\text{A} = $ 平均インダクタ電流 $\bar{I}_L$

$\Delta I_L = \dfrac{V_{in} - V_{out}}{L} D \dfrac{1}{f_s} = \dfrac{12}{40 \times 10^{-6}} \times 0.5 \times 20 \times 10^{-6} = 3\,\text{A}$

$I_{L,\,max} = \bar{I}_L + \dfrac{\Delta I_L}{2} = 12 + \dfrac{3}{2}\,\text{A}$

$I_{L,\,min} = \bar{I}_L - \dfrac{\Delta I_L}{2} = 12 - \dfrac{3}{2}\,\text{A}$

（3）

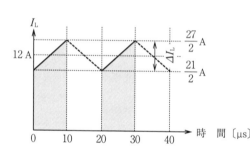

（4）上図において

　　実線：スイッチ電流
　　破線：ダイオード電流

（2） 不連続伝導モード（DCM）

負荷電流 I_{out} が CrCM の平均電流以下になると，インダクタ電流 $I_L = 0$ の時間帯が現れるが，コイル電流 I_L の勾配は CCM の場合と同じである。

ここでは，図 6.3（a）の降圧コンバータにおける不連続伝導モード（DCM）の入出力電圧比とデューティ比 D との関係を導く。

図 6.6 において，インダクタ電流の最大値を ΔI_L とすれば，スイッチ・オンのときにコイルを流れる電荷量は $\dfrac{\Delta I_L}{2} D T_s$，オフ時には $\dfrac{\Delta I_L}{2} D^* T_s$ である。T_s

6.1 非絶縁型コンバータ

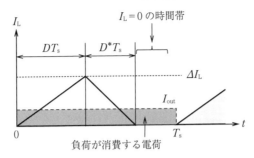

図6.6 不連続伝導モード（DCM）におけるコイル電流（実線の三角形）と出力負荷電流（灰色矩形）

はスイッチング周期，D^*T_s はダイオードに電流が流れている時間である。定常状態において，コイルを通過する全電荷が出力負荷に流れる電荷量 $I_{out}T_s$ に等しいことから式 (6.6) が得られる（電荷保存則）。

$$I_{out}T_s = \frac{\Delta I_L}{2} DT_s + \frac{\Delta I_L}{2} D^*T_s \rightarrow 2I_{out} = (D+D^*)\Delta I_L \tag{6.6}$$

さらに，電流の増分と減少分が等しいことから式 (6.7) が成り立つ。

$$(\Delta I_L =) \frac{V_{in} - V_{out}}{L} DT_s = \frac{V_{out}}{L} D^*T_s \rightarrow \frac{L}{T_s}\Delta I_L = (V_{in} - V_{out})D = V_{out}D^* \tag{6.7}$$

式 (6.6) と式 (6.7) から D^* を消去すると，入力電圧 V_{in}，出力電圧 V_{out}，デューティ比 D の関係式 (6.8) が得られる。τ^* は，出力負荷を含む回路の時定数 L/R_{load} をスイッチング周期 T_s で規格化した値である。

$$V_{out} = \frac{V_{in}}{1+\dfrac{2I_{out}L}{T_s V_{in}}\dfrac{1}{D^2}} = \frac{V_{in}}{1+\dfrac{2V_{out}L}{D^2 T_s V_{in} R_{load}}} = \frac{V_{in}}{1+\dfrac{2V_{out}}{D^2 V_{in}}\tau^*} \tag{6.8}$$

さらに，式 (6.8) を変形すれば，不連続伝導モード（DCM）における入出力電圧比とデューティ比 D との関係式（式 (6.9)）が得られる。

$$\frac{V_{out}}{V_{in}} = \frac{D^2}{4\tau^*}\left[\sqrt{1+\frac{8\tau^*}{D^2}} - 1\right] = \frac{2}{1+\sqrt{1+\dfrac{8\tau^*}{D^2}}} \qquad \tau^* = \frac{L}{T_s R_{load}} \tag{6.9}$$

降圧コンバータの入出力電圧比 V_{out}/V_{in} とデューティ比 D との関係をパラ

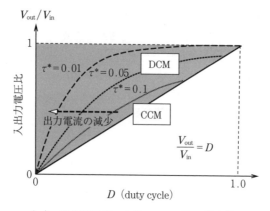

（a） 出力電圧 V_out のデューティ比 D 依存性

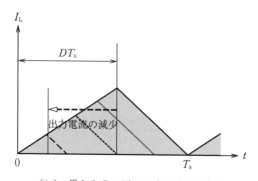

（b） 異なる D の下でのインダクタ電流

図 6.7 入出力電圧比 $V_\mathrm{out}/V_\mathrm{in}$ とコイル電流 I_L のデューティ比 D 依存性

メータ τ^* の関数として表したものを**図 6.7** に示す。

CCM では V_out-D の関係式（図中の直線）には τ^* が含まれない（式 (6.5) 参照）が，DCM では規格化時定数 τ^* に依存する。例えば，DCM 動作期間中に出力負荷電流が減る（R_load が大きくなる）と，図 6.7（a），（b）の破線の矢印のようにコイルから出力への供給電荷量（三角形の面積）を減らすべくデューティ比 D が小さくなる。

例題 6.2

図に示す不連続伝導モード（DCM）で動作している降圧コンバータに関する問いに答えなさい。計算に際して、ダイオードの順方向電圧 $V_F=0$ とダイオードに電流が流れている時間を D^*T_s とする。

（1） $\dfrac{V_{out}}{R_{load}} = \dfrac{1}{2} \dfrac{V_{out}}{L} D^*T_s(D+D^*)$ であることを示しなさい。

（2） D^* を D, R, T_s, L を用いて表し，D^* の値を求めなさい。

（3） 出力電圧を求めなさい。

（4） インダクタ電流の最大値を求めなさい。

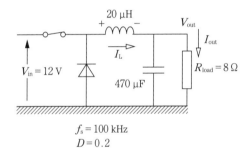

$f_s = 100$ kHz
$D = 0.2$

【解答】

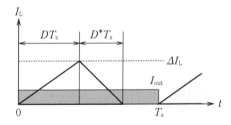

（1） $I_{out} T_s = \dfrac{\Delta I_L}{2} DT_s + \dfrac{\Delta I_L}{2} D^*T_s$

$I_{out}\left(=\dfrac{V_{out}}{R_{load}}\right) = \dfrac{\Delta I_L}{2}(D+D^*) = \dfrac{V_{out}}{2L} D^*T_s(D+D^*)$

82   6. コンバータの種類

$$\therefore \quad \frac{V_{\text{out}}}{R_{\text{load}}} = \frac{V_{\text{out}}}{2L} D^* T_{\text{s}}(D + D^*)$$

（2）$D^{*2} + DD^* - \dfrac{2L}{R_{\text{load}} T_{\text{s}}} = 0 \;\rightarrow\; D^* = \dfrac{1}{2}\left(-D + \sqrt{D^2 + \dfrac{8L}{R_{\text{load}} T_{\text{s}}}}\right)$

$$D^* = \frac{1}{2}\left(-D + \sqrt{D^2 + \frac{8L}{R_{\text{load}} T_{\text{s}}}}\right)$$

$$= \frac{1}{2}\left(-0.2 + \sqrt{0.2^2 + \frac{8 \times 20 \times 10^{-6}}{8 \times 10 \times 10^{-6}}}\right) = \frac{1}{2}(-0.2 + \sqrt{2.04}) = 0.61$$

$$\frac{V_{\text{out}}}{V_{\text{in}}} = \frac{2}{1 + \sqrt{1 + \dfrac{8\tau^*}{D^2}}} = \frac{2}{1 + \sqrt{1 + \dfrac{8L}{D^2 R_{\text{load}} T_{\text{s}}}}}$$

$$= \frac{2}{1 + \sqrt{1 + \dfrac{8 \times 20 \times 10^{-6}}{0.2^2 \times 8 \times 10^{-6}}}} = \frac{2}{8.14}$$

（3）$D(V_{\text{in}} - V_{\text{out}}) = D^* V_{\text{out}} \;\rightarrow\; \dfrac{V_{\text{out}}}{V_{\text{in}}} = \dfrac{D}{D + D^*} = \dfrac{0.2}{0.2 + 0.61}$

$$V_{\text{out}} = 2.96\,\text{V}$$

（4）$I_{\text{peak}} = \dfrac{V_{\text{out}}}{L} D^* T_{\text{s}} = \dfrac{2.96}{20 \times 10^{-6}} \times 0.61 \times 10 \times 10^{-6} = 0.90\,\text{A}$

∎

6.1.2　昇圧コンバータ

コイルに印加した電圧に対して電流の反応が遅れるコイルの性質（慣性電流）を利用すれば，入力電圧より高い出力電圧を得ることもできる。

昇圧コンバータは，前項の降圧コンバータの入力と出力を入れ替えた構造をしている。以下では，降圧コンバータの場合と同様，コイルを水車付き配管とみなして昇圧コンバータの動作を解析する。

（1）　連続伝導モード（CCM）

図 6.8 に示すように，定常状態では，スイッチ・オン時 t_{on}（$= DT_{\text{s}}$）のコイル電流 I_{L} の増加量（式 (6.10)）とスイッチ・オフ時 t_{off}（$= (1 - D)T_{\text{s}}$）のコイル電流の減少量（式 (6.11)）が等しいことから式 (6.12) の関係が得られる。

6.1 非絶縁型コンバータ

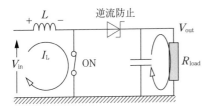
（a） スイッチ・オン時の電流の状態

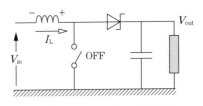
（b） スイッチ・オフ時の電流

図6.8 スイッチ・オン時とオフ時の電流経路（矢印）

$$\Delta I_L(+) = \frac{V_{in}}{L} t_{on} \tag{6.10}$$

$$\Delta I_L(-) = \frac{V_{out} - V_{in}}{L} t_{off} \tag{6.11}$$

$$\frac{V_{in}}{L} t_{on} = \frac{V_{out} - V_{in}}{L} t_{off} \rightarrow \frac{V_{out}}{V_{in}} = \frac{1}{1-D} \tag{6.12}$$

式 (6.12) の入出力電圧比 V_{out}/V_{in} とデューティ比 D との関係を**図6.9**に示す。

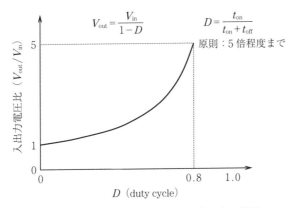

図6.9 出力電圧 V_{out} とデューティ比 D との関係

式 (6.12) において D が 1 に近づくと出力電圧 V_{out} は限りなく増大するが，実用的な回路では D は 0.8 程度を上限として使用する。この理由は，インダクタやコンデンサの寄生抵抗によって出力電圧が制限されるからである（例題 6.3 参照）。

昇圧コンバータでも降圧コンバータと同様，負荷電流 I_{out} の大きさによっ

て，コイル電流 I_L が常時正の連続伝導モード（CCM）やコイル電流が断続的に零になる不連続伝導モード（DCM）の動作になる（**図 6.10**）。

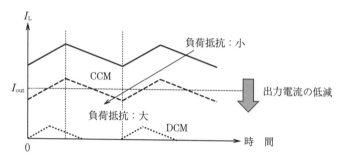

図 6.10 出力電流 I_{out} が低下すると平均電流のレベルが下方に平行移動する様子

――――――――――――――――――――――――― コーヒーブレイク ―

ampere-second balance と volt-second balance

ampere-second balance と volt-second balance は，周期 T_s で定常的な動作をしているスイッチング電源回路内のコンデンサやインダクタに対して成り立つ電圧・電流と時間との関係である。

コンデンサ C に流入する電流 $I_c(t)$ と電圧 $V_c(t)$ とは，$I_c(t) = C \dfrac{dV_c}{dt}$ で関連付けられる。この式を周期 T_s の間，積分すると，ampere-second balance の式 (1) が成り立つ。最右辺の等号は $V_c(T_s) = V_c(0)$ を考慮した結果である。

$$\int_0^{T_s} I_c(t)dt = C[V_c(T_s) - V_c(0)] = 0 \tag{1}$$

同様に，インダクタ L に印加された電圧 $V_L(t)$ と電流 $I_L(t)$ との間の $V_L(t) = L \dfrac{dI_L}{dt}$ を周期 T_s で積分すると volt-second balance の式 (2) が得られる。

$$\int_0^{T_s} V_L(t)dt = L[I_L(T_s) - I_L(0)] = 0 \tag{2}$$

例題 6.3

CCMで動作する以下の昇圧コンバータにおいて,インダクタ抵抗 r_L を考慮して以下の問いに答えなさい。ただし,スイッチ・オンおよびスイッチ・オフの時間,インダクタ電圧,キャパシタ電流,出力電圧は一定と仮定する。

(1) スイッチがオンおよびオフ時のインダクタにかかる電圧とキャパシタ電流を求めなさい。

(2) デューティ比 D を用いて,コンデンサに関する ampere-second balance とコイルに関する volt-second balance の式を立てなさい。

(3) (2)で求めた式から $\dfrac{V_{\text{out}}}{V_{\text{in}}}$ を r_L, D の関数として導きなさい。

(4) r_L パラメータとして,出力電圧 V_{out} とデューティ比 D との関係を図示しなさい。なお,$r_L = 0.01 R_{\text{load}}$ と $0.2 R_{\text{load}}$ とする。

(5) $\eta = \dfrac{P_{\text{out}}}{P_{\text{in}}} = \dfrac{R_{\text{load}}}{V_{\text{in}} \bar{I}_L}$ で定義される電力変換効率 η を求めなさい。$\bar{I}_L$ はインダクタ電流の平均値とする。

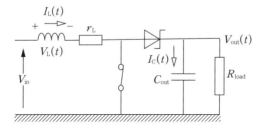

【解答】

(1)

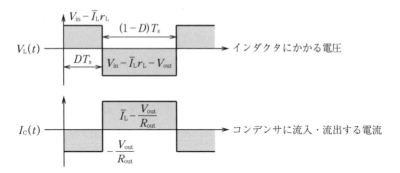

(2) インダクタに関する volt-second balance は

$$DT_s(V_{in} - \bar{I}_L r_L) + (1-D)T_s(V_{in} - \bar{I}_L r_L - V_{out}) = 0 \tag{1}$$

コンデンサに関する ampere-second balance は

$$DT_s\left(-\frac{V_{out}}{R_{load}}\right) + (1-D)T_s\left(\bar{I}_L - \frac{V_{out}}{R_{load}}\right) = 0 \tag{2}$$

となる。

(3) 式(1)と式(2)より,平均インダクタ電流 $\bar{I}_L$ を消去すると式(3)になる。

$$\frac{V_{out}}{V_{in}} = \frac{D}{1-D}\frac{R_{load}}{R_{load} + \frac{r_L}{(1-D)^2}} \tag{3}$$

(4)

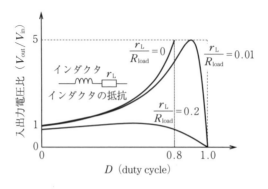

(5) $\eta = \dfrac{P_{\text{out}}}{P_{\text{in}}} = \dfrac{\dfrac{V_{\text{out}}^2}{R_{\text{load}}}}{V_{\text{in}}\bar{I}_{\text{L}}} = \dfrac{R_{\text{load}}}{R_{\text{load}} + \dfrac{r_{\text{L}}}{(1-D)^2}}$

例題 6.4

図の昇圧コンバータ回路において，以下の問いに答えなさい。

（1） 出力電圧 10 V のときのデューティ比 D を求めなさい。

（2） 出力負荷の消費電力が 5 W であるとき，平均出力電流を求めなさい。

（3） 入力電流の最大許容リップルが 2% であるとき，インダクタの下限値を計算しなさい。

（4） 出力電圧のリップルを 10 mV 以下にするキャパシタの値を求めなさい。

計算に際して，コイルとキャパシタの実効的な直列抵抗とダイオードの順方向電圧 $V_{\text{F}} = 0\,\text{V}$ とする。

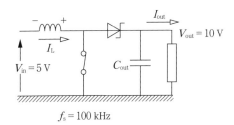

【解答】

（1） $V_{\text{out}} = V_{\text{in}} \dfrac{T_{\text{s}}}{T_{\text{s}} - t_{\text{on}}} = 5 \times \dfrac{10}{10 - t_{\text{on}}} = 10\,\text{V}$ → $t_{\text{on}} = 5\,\mu\text{s}$ → $D = \dfrac{t_{\text{on}}}{T_{\text{s}}} = \dfrac{5}{10} = 0.5$

（2） $P_{\text{out}} = I_{\text{out}} V_{\text{out}} = I_{\text{out}} \times 10 = 5\,\text{W}$ → $I_{\text{out}} = 0.5\,\text{A}$

（3） $\Delta I_{\text{L}} = 0.02 \times I_{\text{out}} = 10\,\text{mA}$

$V_{\text{in}} = L \dfrac{di_{\text{L}}}{dt} \fallingdotseq L \dfrac{\Delta I_{\text{L}}}{t_{\text{on}}}$

∴ $L \fallingdotseq V_{\text{in}} \dfrac{t_{\text{on}}}{\Delta I_{\text{L}}} = 5 \times \dfrac{5 \times 10^{-6}}{10 \times 10^{-3}} = 2.5\,\text{mH}$

(4) $I_{\text{out}} = C_{\text{out}} \dfrac{dV_{\text{out}}}{dt} \rightarrow I_{\text{out}} \fallingdotseq C_{\text{out}} \dfrac{\Delta V_{\text{out}}}{t_{\text{on}}}$

$C_{\text{out}} \fallingdotseq I_{\text{out}} \dfrac{t_{\text{on}}}{\Delta V_{\text{out}}} = 0.5 \times \dfrac{5 \times 10^{-6}}{10 \times 10^{-3}} = 250\,\mu\text{F}$

(2) 不連続伝導モード (DCM)

定常動作をしている昇圧 DCM コンバータの入出力電圧とデューティ比 D との関係は，スイッチ・オン時の電流増加の式 (6.13) とオフ時の電流減少の式 (6.14) とが等しいことから式 (6.15) となる。

$$DI_L(+) = \dfrac{V_{\text{in}}}{L} DT_s \qquad (6.13)$$

$$\Delta I_L(-) = \dfrac{V_{\text{out}} - V_{\text{in}}}{L} D^* T_s \qquad (6.14)$$

$$V_{\text{out}} = V_{\text{in}} \dfrac{D + D^*}{D^*} \qquad (6.15)$$

$D^* T_s$ はスイッチ・オフ時にダイオードに電流が流れている時間である。

図 6.11 に示すように，出力端子から送出される電荷量（矩形部）はコイル電流（三角形部）の面積に等しいことから，出力電流 I_{out} は式 (6.16) となる。

$$I_{\text{out}} = \dfrac{V_{\text{out}}}{R_{\text{load}}} = \dfrac{1}{T_s}\left[\dfrac{1}{2} \Delta I_L D^* T_s\right] = \dfrac{V_{\text{in}} D D^* T_s}{2L} \qquad \because \Delta I_L = \dfrac{V_{\text{in}}}{L} DT_s \qquad (6.16)$$

式 (6.15) と式 (6.16) より DCM における入出力電圧の関係式 (6.17) が得ら

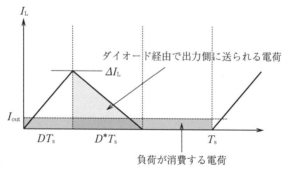

図 6.11　DCM 動作時の昇圧コンバータのコイル電流 I_L の変化

れる。なお，τ^* は，出力負荷を含む回路の時定数 L/R_{load} を周期 T_s で規格化した時定数である。

$$\frac{V_{\text{out}}}{V_{\text{in}}} = \frac{1+\sqrt{1+\frac{2D^2}{\tau^*}}}{2} \qquad \tau^* = \frac{L}{R_{\text{load}}T_s} \tag{6.17}$$

出力電圧 V_{out} とデューティ比 D の関係を図 6.12 に示す。CCM 動作（太い実線）では負荷抵抗 R_{load} に影響されない（式 (6.12) 参照）が，DCM（実線の左上の灰色部分）動作時には負荷抵抗 R_{load} が大きくなる（τ^* が減少する）と，破線の矢印に沿ってデューティ比 D が小さくなる。

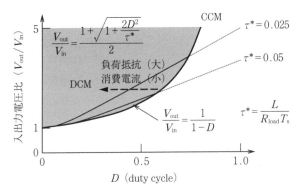

図 6.12　CCM 動作（太い実線）と DCM 動作モード（灰色部）における入出力電圧比とデューティ比との関係

6.1.3　極性反転コンバータ

図 6.13 (a) のように降圧コンバータの後に昇圧コンバータを縦列接続し，降圧コンバータと昇圧コンバータのコイルを一つにまとめると図 (b) となる。さらに，同期して動作するスイッチ 2 個とダイオード 2 個をそれぞれ一つにまとめて，双方に共通のコイルを縦配置，ダイオードの極性を逆にすれば図 6.13 (c) の極性反転コンバータになる。

90   6. コンバータの種類

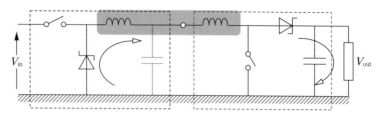

(a) 降圧コンバータと昇圧コンバータの接続

二つのスイッチ:同時オン・オフ → 一つのスイッチで対応可

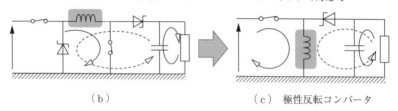

(b)   (c) 極性反転コンバータ

図 6.13 極性反転コンバータは降圧と昇圧コンバータを縦続接続した構造を原型としている

(1) 連続伝導モード (CCM)

図 6.13 (a) のコンバータ構造からわかるように,CCM 動作の極性反転コンバータは,降圧コンバータ(式 (6.5))と昇圧コンバータの入出力関係(式 (6.12))の積で表される。

$$\frac{V_{\text{out}}}{V_{\text{in}}} = -\frac{D}{1-D} \tag{6.18}$$

(2) 不連続伝導モード (DCM)

スイッチ・オン期間の電流増加量(式 (6.19))とダイオードに電流が流れている時間(スイッチ・オフ)のコイル電流の減少量(式 (6.20))が等しいことから,DCM の定常状態では式 (6.21) の関係がある。

$$\Delta I_{\text{L}}(+) = \frac{V_{\text{in}}}{L} t_{\text{on}} = \frac{V_{\text{in}}}{L} D T_{\text{s}} \tag{6.19}$$

$$\Delta I_{\text{L}}(-) = -\frac{V_{\text{out}}}{L} t_{\text{off}} = -\frac{V_{\text{out}}}{L} D^* T_{\text{s}} \tag{6.20}$$

$$V_{\text{out}} = -V_{\text{in}}\frac{D}{D^*} \tag{6.21}$$

さらに，出力側に送出される電荷量 $\frac{\Delta I_{\text{L}}}{2}D^*T_{\text{s}}$ と出力負荷抵抗 R_{load} と電流 I_{out} の関係（式 (6.21)，(6.22)）から DCM における入出力電圧の関係が式 (6.23) となる。

$$\frac{V_{\text{out}}}{R_{\text{load}}} = I_{\text{out}} = \frac{1}{T_{\text{s}}}\left(\frac{\Delta I_{\text{L}}}{2}D^*T_{\text{s}}\right) = -\frac{V_{\text{in}}DD^*T_{\text{s}}}{2L} \quad \because \quad \Delta I_{\text{L}} = \frac{V_{\text{in}}}{L}t_{\text{on}} \tag{6.22}$$

式 (6.21) と式 (6.22) から D^* を消去すると式 (6.23) が得られる。

$$V_{\text{out}} = -V_{\text{in}}\frac{D}{\sqrt{2\tau^*}} \qquad \tau^* = \frac{L}{R_{\text{load}}T_{\text{s}}} \tag{6.23}$$

$|V_{\text{out}}/V_{\text{in}}|$ は τ^*（R_{load}：負荷抵抗）と D の関数であり，**図 6.14** に示すように，出力電流 I_{out} が減る（負荷抵抗 R_{load} が増加，τ^* が減少）と出力電圧 V_{out} を維持すべくデューティ比 D が小さくなる。

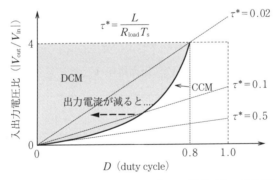

図 6.14 入出力電圧比とデューティ比 D の関係（太い実線は連続伝導モード (CCM)，灰色領域は不連続伝導モード (DCM)）

3種類（降圧，昇圧，極性反転）のコンバータの回路と入出力電圧の関係のまとめを**図 6.15** に示す。CCM では入出力電圧比はいずれもデューティ比 D の関数であるが，負荷電流の小さな DCM 動作ではいずれも D^2/τ^* の関数になる（例題 6.5：出力負荷電流は D^2 に比例）。

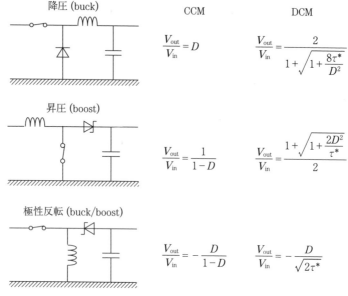

図 6.15 （左）降圧，昇圧，極性反転コンバータの構造と（右）CCM と DCM における入出力電圧比のデューティ比 D 依存性

例題 6.5

DCM 動作している降圧コンバータおよび昇圧コンバータでは $I_\text{out} \propto D^2$ となることを示しなさい。入力電圧 V_in，出力電圧 V_out は一定とする。

【解答】

インダクタにかかる電圧を，電流の増加時 V_Lr，減少時 V_Lf とする。

　　降圧コンバータ：$V_\text{Lr} = V_\text{in} - V_\text{out}$ 　　$V_\text{Lf} = V_\text{out}$

　　昇圧コンバータ：$V_\text{Lr} = V_\text{in}$ 　　$V_\text{Lf} = V_\text{out} - V_\text{in}$

スイッチ・オンのとき，インダクタ電流 I_L は勾配 V_Lr/L で直線的に増加し，最大電流 $I_\text{L,max} = \dfrac{V_\text{Lr}}{L} t_\text{on}$ となる。

スイッチ・オフのとき，インダクタ電流 I_L の勾配は $-V_\text{Lf}/L$ なので，インダクタ電流が零になるまでの時間 $t_\text{off}{}^* = \dfrac{V_\text{Lr}}{V_\text{Lf}} t_\text{on}$ を考慮して，出力電流 I_out は次式となる。

降圧コンバータ：

$$I_{\text{out}} = \frac{I_{\text{L,max}}(t_{\text{on}} + t_{\text{off}}^*)}{2T_s} = \frac{V_{\text{Lf}}}{2T_s L} t_{\text{on}}(t_{\text{on}} + t_{\text{off}}^*) = \frac{V_{\text{Lr}}}{2T_s L}\left(1 + \frac{V_{\text{Lr}}}{V_{\text{Lf}}}\right)t_{\text{on}}^2$$

$$= \frac{T_s V_{\text{Lr}}}{2L}\left(1 + \frac{V_{\text{Lr}}}{V_{\text{Lf}}}\right)D^2 \tag{1}$$

昇圧コンバータ：

$$I_{\text{out}} = \frac{I_{\text{L,max}} t_{\text{off}}^*}{2T_s} = \frac{V_{\text{Lr}}}{T_s L} t_{\text{on}} t_{\text{off}}^* = \frac{V_{\text{Lr}}}{2T_s L}\frac{V_{\text{Lr}}}{V_{\text{Lf}}} t_{\text{on}}^2 = \frac{T_s}{2L}\frac{V_{\text{Lr}}^2}{V_{\text{Lf}}}D^2 \tag{2}$$

DCM動作は，式 (1)，式 (2) ともに $I_{\text{out}} \propto D^2$ となる。

6.2 絶縁型コンバータ

絶縁型コンバータの代表例として，フライバックコンバータとフォワードコンバータを取り上げる．絶縁型コンバータの動作に重要な役割を果たすトランスの動作は，本シリーズ第2巻10章で詳しく説明しているが，ここではもう一度，簡単に振り返ってみる．

トランスの一次側と二次側の巻線の間は電気的につながっていないが，一次側の電流で生じた磁界が磁性体コアを介して二次側の巻線に電磁誘導電圧を発生する．現実のトランスは，図 6.16 に示すように，理想トランス（灰色部）と励磁インダクタンス L_{m} との並列接続で表される．

一次側と二次側の巻線数比を $1:n$ とすれば，理想トランスの二次側には一

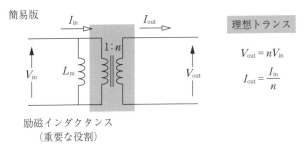

図 6.16　簡易型トランスモデル

次側に印加した電圧の n 倍の電圧が発生する。二次側の電流は，エネルギー保存則（$I_{in}V_{in} = I_{out}V_{out}$）より，一次側の電流の $1/n$ となる。

6.2.1 フライバックコンバータ

フライバックコンバータ回路は，図 6.17 に示すように，一次側と二次側の巻線方向が逆向きのトランスを使用する。スイッチをオンにしてフライバック・トランスの一次側のドット部（•）に電流を入れると二次側のドット部（•）に正の電圧が生じるが，逆バイアスされたダイオードの働きで二次側には電流は流れない。スイッチをオフに切り替えると，励磁インダクタンス L_m に蓄積された磁気エネルギーが二次側のコイル電流となって取り出される。

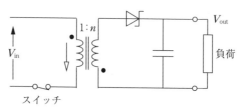

図 6.17　フライバックコンバータの構造

このフライバックコンバータ回路は，①構造が簡単，②設計が容易，③低コスト，④巻線数比 n で出力電圧 V_{out} を調整可能，などの特長がある。さらに，入力側と出力側との間に共通の配線がないため，出力（二次）側が短絡しても一次側に致命的なダメージはない。

フライバックコンバータは極性反転コンバータから派生した回路である。すなわち，図 6.18（a）の極性反転コンバータのコイルを励磁インダクタと 1 : 1 の理想トランスに置き換えると図（b）が得られる。続いて，巻線数比を 1 : n に変更して，トランスの一次側と二次側の巻き方向を逆転させてダイオードを逆接続すれば，図 6.18（c）のフライバックコンバータになる。

通常，ゲート駆動回路の構成を簡素化するため，パワー MOS スイッチは GND 側に配置する（図 6.18（c））。

6.2 絶縁型コンバータ

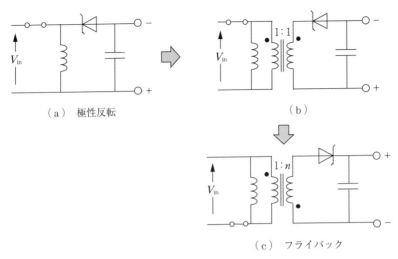

図6.18 極性反転コンバータを (a)→(b)→(c) の順に変形するとフライバックコンバータになる

── コーヒーブレイク ──

トランスのドット(・)について

　図(a)はトランスの一部を取り出したものである。端子A（一次側）に＋電位を印加して電流を端子Aから端子Bに流すと，電磁誘導により端子CDには矢印方向の電流が流れる。このように，トランスに流入する電流の端子Aと二次側の電流が流出する端子Cとは対になっている。

　トランスの利用時に配線の接続を間違えると，絶縁型コンバータは動作しない。この間違いをしないよう，市販のトランスには対となる端子Aと端子Cにドット(・)をつけている。

　スイッチ・オン時に蓄積された磁気エネルギーをオフ時に二次側電流として取り出すフライバックコンバータでは，回路図にドット位置を記して一次側と二次側の電流が逆位相であることを明示している（図6.17参照）。

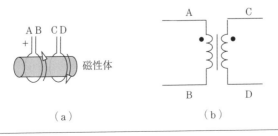

（1） 連続伝導モード動作（CCM）

フライバックコンバータのスイッチがオンのとき，逆バイアスされたダイオードの働きで二次側には電力が伝わらず，図6.19の励磁インダクタ L_m に磁気エネルギーが蓄えられる。このとき，励磁インダクタ電流の増分 $\Delta I_\mathrm{m}(+)$ は式（6.24）となる。

$$V_\mathrm{in} = L_\mathrm{m}\frac{\mathrm{d}I_\mathrm{m}}{\mathrm{d}t} \quad \rightarrow \quad \Delta I_\mathrm{m}(+) = \frac{V_\mathrm{in}}{L_\mathrm{m}} t_\mathrm{on} \tag{6.24}$$

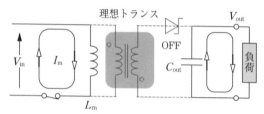

励磁エネルギーの蓄積
（エアギャップ・トランス）

図6.19　スイッチ・オン時の電流経路（矢印）

フライバックコンバータでは，L_m に蓄積する磁気エネルギーを大きくする（本シリーズ第2巻9.1.2項で説明している）ため，エアギャップ・トランスを使用する。

図6.20のようにスイッチをオフにすると，励磁インダクタに蓄えられていた磁気エネルギーは理想トランスとダイオードを通して二次側の電流となる。このとき，理想トランスの一次側に現れるフライバック電圧 $-V_\mathrm{out}/n$ により，

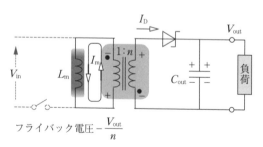

図6.20　スイッチ・オフ時の電流経路（矢印）

励磁電流 I_m はしだいに減少する（式(6.25)）。オフ時間 t_off 後の減少量 $\Delta I_\mathrm{m}(-)$ は式(6.25)となる。

$$\frac{V_\mathrm{out}}{n} = -L_\mathrm{m}\frac{dI_\mathrm{m}}{dt} \rightarrow \Delta I_\mathrm{m}(-) = \frac{V_\mathrm{out}}{nL_\mathrm{m}}t_\mathrm{off} \tag{6.25}$$

定常状態では $\Delta I_\mathrm{m}(+) = \Delta I_\mathrm{m}(-)$ である。式(6.24)と式(6.25)より入出力電圧比は式(6.26)となる。

$$\frac{V_\mathrm{out}}{V_\mathrm{in}} = n\frac{D}{1-D} \tag{6.26}$$

[参考] フライバックコンバータと同じ動作原理に基づく極性反転コンバータの入出力電圧比（式(6.18)）と比べると $V_\mathrm{out}/V_\mathrm{in}$ はトランスの巻線比 n だけ異なる。

例題 6.6

CCM動作のフライバックコンバータに関する以下の問いに答えなさい。

（1） スイッチAがオンになっている時間を求めなさい。

（2） 出力の消費電力が5Wであるとき，出力負荷抵抗の値を求めなさい。

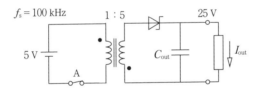

【解答】

（1） $\dfrac{V_\mathrm{out}}{V_\mathrm{in}} = n\dfrac{D}{1-D}$

$\dfrac{V_\mathrm{out}}{V_\mathrm{in}} = n\dfrac{t_\mathrm{on}}{t_\mathrm{off}} \rightarrow 5 = 5\dfrac{t_\mathrm{on}}{t_\mathrm{off}} \rightarrow t_\mathrm{on} = 5\,\mu\mathrm{s}\,(t_\mathrm{on} + t_\mathrm{off} = 10\,\mu\mathrm{s})$

（2） $P_\mathrm{out} = \dfrac{V_\mathrm{out}^{2}}{R_\mathrm{load}} \rightarrow R_\mathrm{load} = \dfrac{V_\mathrm{out}^{2}}{P_\mathrm{out}} = \dfrac{(25)^2}{5} = 125\,\Omega$

例題 6.7

CCM動作のフライバックコンバータに関する以下の問いに答えなさい。

（1） デューティ比 D を求めなさい。

98   6. コンバータの種類

（2） L_m に流れる電流の最大値，最小値を求めなさい。

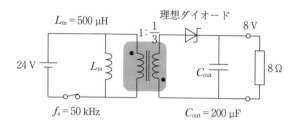

【解答】

（1） $\dfrac{V_{out}}{V_{in}} = n\dfrac{D}{1-D}$ → $D = 0.5$

（2） 入力電力 = 出力電力

$$I_{in}V_{in}D = \dfrac{V_{out}^2}{R_{load}} \rightarrow I_{in} = \dfrac{V_{out}^2}{V_{in}DR_{load}} = \dfrac{8^2}{24 \times 0.5 \times 8} = 0.67 \text{ A}$$

$$\Delta I_m = \dfrac{V_{in}}{L_m}DT_s = \dfrac{24}{500 \times 10^{-6}} \times 0.5 \times 20 \times 10^{-6} = 0.48 \text{ A}$$

→ $I_{in} \pm \dfrac{\Delta I_m}{2} = 0.43 \text{ A（最小値）} \sim 0.91 \text{ A（最大値）}$

（2） 不連続伝導モード動作（DCM）

DCM 動作時の入出力電圧比は，図 6.21 における 1 周期の間に出力端子から流出する総電荷量 $I_{out}T_s$ が図（b）の灰色部（三角形）の面積（電荷量）の n 倍に等しい（式（6.27））ことから計算できる。ΔI_m は図 6.21（b）の励磁インダクタ電流の最大振幅である。

$$I_{out}T_s = n\dfrac{\Delta I_m t_{off}^*}{2} \tag{6.27}$$

さらに，$\Delta I_m = \dfrac{V_{in}}{L_m}t_{on}$，$I_{out} = \dfrac{V_{out}}{R_{load}}$ を用いて式（6.27）を書き換えると式（6.28）になる。

$$\dfrac{V_{out}}{V_{in}} = \dfrac{nDD^*R_{load}}{2L_m}T_s \tag{6.28}$$

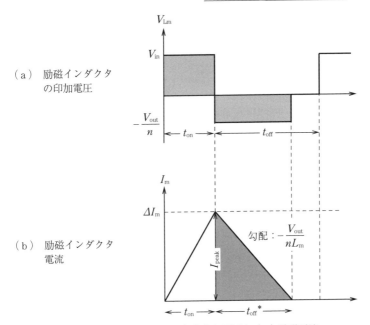

図 6.21 励磁インダクタの（a）印加電圧と（b）励磁電流

コンバータの電力変換効率100%の下では，スイッチ・オン時に入力電源から供給される電力 $V_{in}I_{in}$ と出力電力 $V_{out}I_{out}$ とが等しいことから式 (6.29) が導かれる。

$$\frac{V_{out}}{V_{in}} = \frac{\overline{I_{in}}}{I_{out}} = \frac{\frac{\Delta I_m}{2}\frac{t_{on}}{T_s}}{n\frac{\Delta I_m}{2}\frac{t_{off}^*}{T_s}} = \frac{1}{n}\frac{D}{D^*} \tag{6.29}$$

式 (6.28) と式 (6.29) の積から D^* を消去すると，DCM の入出力電圧比は式 (6.30) となる。

$$\frac{V_{out}}{V_{in}} = \frac{D}{\sqrt{2\tau^*}} \tag{6.30}$$

なお，式 (6.30) には CCM の場合と違って巻線数比 n は含まれない。

CCM および DCM の入出力電圧比とデューティ比 D との関係を**図 6.22** に示す。DCM では非絶縁型コンバータの場合（図 6.15 参照）と同様，出力電流

100   6. コンバータの種類

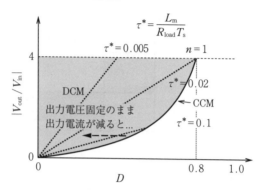

図 6.22　フライバックコンバータのデューティ比 D と入出力電圧利得との関係（極性反転コンバータと同じ図）（実線：CCM，破線：DCM）

I_{out} が減ると，τ^* を介して，デューティ比 D は $\sqrt{I_{out}}$ に比例して小さくなる。

6.2.2　フォワードコンバータ

フォワードコンバータの回路を図 6.23（a）に示す。スイッチ・オン時，一

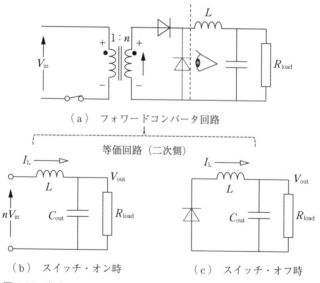

（a）フォワードコンバータ回路

（b）スイッチ・オン時　　　（c）スイッチ・オフ時

図 6.23　（a）フォワードコンバータの構造と（b）スイッチ・オン時と（c）オフ時の出力側の等価回路

次側コイルと二次側コイルの双方に電流が流れており，フライバックコンバータの動作原理とは異なる。

フォワードコンバータはスイッチがオンのとき，二次側のコイルの電圧はnV_{in}（図6.23（b））なので，インダクタ電流I_Lは式（6.31）に従って単調に増加する。ただし，$nV_{in} > V_{out}$である。

$$nV_{in} - V_{out} = L\frac{dI_L}{dt} \tag{6.31}$$

スイッチ・オフ時にはトランス経由の電流はないが，図6.23（c）の出力側等価回路のように，ダイオードを経由した（上流に向かう）インダクタ電流I_Lは式（6.32）に従って単調に減少していく。

$$-V_{out} = L\frac{dI_L}{dt} \tag{6.32}$$

図6.23（b）と（c）より，フォワードコンバータの動作は入力電圧がnV_{in}の降圧コンバータと同じである。

（1） 連続伝導モード動作（CCM）

定常動作のCCMでは，スイッチがオン時の電流増分とオフ時の電流減少量が等しいことから，入出力電圧比は式（6.33）となる。この式は，巻線数比nを除いて降圧コンバータの式と同じである（図6.15参照）。

$$\frac{nV_{in} - V_{out}}{L}t_{on} = \frac{V_{out}}{L}t_{off} \quad \rightarrow \quad \frac{V_{out}}{V_{in}} = nD \tag{6.33}$$

（2） 不連続伝導モード動作（DCM）

フォワードコンバータが降圧コンバータから派生したものであることから，DCM動作の入出力電圧の関係は式（6.9）と同じになる。

例題 6.8

図のフォワードコンバータについて，以下の問いに答えなさい。

（1） 出力電圧を求めなさい。

（2） 出力電流を求めなさい。

（3） インダクタLを流れる電流の最大値を求めなさい。

（4） L_mに流れる励磁電流の最大値を求めなさい。

ただし，ダイオードは理想的なもの ($V_F=0$) とする。

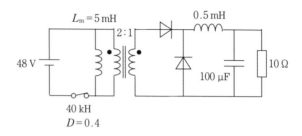

【解答】

（1） $V_\mathrm{out} = DnV_\mathrm{in} = 0.4 \times 0.5 \times 48 = 9.6\,\mathrm{V}$

（2） $I_\mathrm{out} = \overline{I}_\mathrm{L} = \dfrac{9.6\,\mathrm{V}}{10\,\Omega} = 0.96\,\mathrm{A}$

（3） $\Delta I_\mathrm{L} = \dfrac{V_\mathrm{out}(1-D)}{L}T_\mathrm{s} = \dfrac{9.6(1.0-0.4)}{0.4 \times 10^{-3}}\dfrac{1}{40 \times 10^3} = 0.36\,\mathrm{A}$

$I_\mathrm{L,\,max} = 9.6 + \dfrac{0.36}{2} = 9.78\,\mathrm{A}$

（4） $I_\mathrm{Lm,\,max} = \Delta I_\mathrm{Lm} = \dfrac{V_\mathrm{in}D}{L_\mathrm{m}}T_\mathrm{s} = \dfrac{48 \times 0.4}{5 \times 10^{-3}}\dfrac{1}{40 \times 10^3} = \dfrac{19.2}{200} = 0.096\,\mathrm{A}$

6.2.3 絶縁型コンバータのまとめ

図 6.24 に示すフライバック，フォワードコンバータの入出力電圧比とデューティ D の関係は，巻線数比 n を除いて派生元の極性反転コンバータおよび降圧コンバータの特性と同じである（図 6.15 参照）。

6.2 絶縁型コンバータ　　103

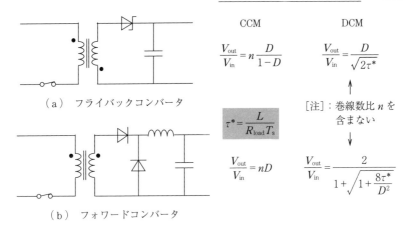

図 6.24 （a）フライバックコンバータ，（b）フォワードコンバータにおける入出力電圧比のデューティ比 D 依存性

7. パワー段の伝達関数

スイッチを切り替えて動作させるスイッチング電源回路（非線形電子回路）の電気的特性は回路シミュレータを使って計算することが多いが，それに慣れてしまうとコンバータ電源回路で生じた異常の究明に手こずることになる。本シリーズ第1巻で説明しているように，非線形の電子回路も小信号等価回路を使って伝達関数にすると，その回路（不良）解析の見通しがよくなる。

本章では，スイッチング電源回路の要であるパワー段の小信号モデルおよび各種コンバータの伝達関数を導出し，次章への橋渡しとする。

7.1 PWM スイッチの小信号等価回路

スイッチング電源回路では，電流経路を切り替える PWM スイッチ（**図7.1**）が重要な役割を担っている。

6章で説明した非共振型の各種コンバータ（降圧，昇圧，フライバック，フォワードなど）の出力電圧 V_{out} はデューティ比 D で制御される。例えば，図7.1の降圧コンバータでは，スイッチ・オン時（図7.1（a））には入力電流

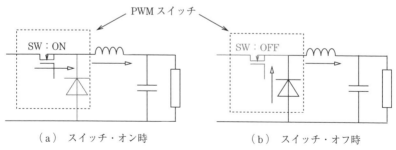

図7.1 降圧コンバータにおけるスイッチ・オン／オフ時の電流経路

がインダクタを経由して出力され，オフ時（図(b)）にはダイオードを経由した電流によって間接的にデューティ比 D が出力電圧 V_{out} に影響する。

本節では，各種コンバータのパワー段において使われている PWM スイッチの小信号等価回路を導き，それを用いて線形化したコンバータ回路の各種伝達関数を導出する。

PWM スイッチを**図 7.2**(c)のように黒丸端子対と白丸端子対からなる四端子回路とみなす。スイッチ・オン時（図 7.2(a)）とオフ時（図(b)）の期間がそれぞれ D と $1-D$ であることから，黒丸端子対に流入する電流の平均は DI，白丸端子対に現れる電圧の平均は DV となる。I は白丸端子対間の電流，V は黒丸端子対間の電圧である。この結果，PWM スイッチの黒丸端子対と白丸端子対における平均電圧と平均電流の関係は図 7.2(c)のトランスに置き換えられる。

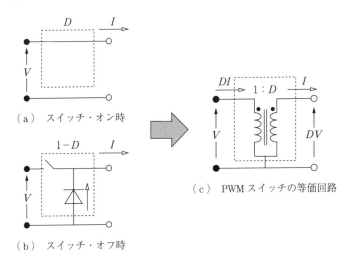

図 7.2 降圧コンバータにおける PWM スイッチの等価四端子回路変換

つぎに，図 7.2(c)の等価回路からスイッチング電源回路の動作解析に必要な小信号等価回路を導出するにあたって，「重ね合わせの理」（本シリーズ第 1 巻 1.1 節で説明している）を使用する。

図 7.3(a)のように D, V, I をそれぞれ微小変化 $\hat{d}$, v, i させたとき，白

7. パワー段の伝達関数

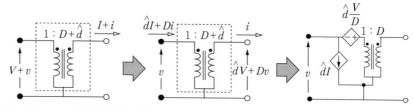

(a) V, I, D に微小変動を加えた PWM 等価回路
(b) 微小変動量の積と直流成分を省略した PWM 等価回路
(c) 小信号等価回路モデル

図 7.3 PWM スイッチの小信号等価回路モデル導出の過程

丸端子対間に現れる電圧 $(V+v)(D+\hat{d})$ と黒丸端子対から流出する電流 $(I+i)(D+\hat{d})$ のうち，直流成分の $V \cdot D$ と $I \cdot D$ と省略する。さらに，微小量どうしの積 $v\hat{d}$, $i\hat{d}$ は極微小量として無視すると，小信号等価回路は図 7.3 (b) となる。図 7.3 (b) より，PWM スイッチの小信号解析モデルは図 (c) と書き換えられる。

7.2 節以降のコンバータの動作解析では，この PWM スイッチの小信号等価回路を使用する。

実際のコンバータでは，入力電圧 V_{in} や出力電流 I_{out} が変動しても所定の出力電圧に回復するよう図 7.4 の破線経路のフィードバック制御を行っている。この帰還制御の下で動作するコンバータ特性において，重要なパワー段の伝達関数が式 (7.1) である。なかでも，フィードバックループの利得に関係する $G_{vd}(s)$ はシステム動作の安定性の鍵を握る重要な伝達関数である。

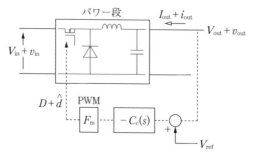

図 7.4 ループ補償回路 $C_c(s)$, PWM（パルス幅変調器）とパワー段から構成されるコンバータ回路

$$G(s) = \frac{v_{\text{out}}}{v_{\text{in}}} \qquad G_{\text{vd}}(s) = \frac{v_{\text{out}}}{\hat{d}} \qquad Z_{\text{out}}(s) = \frac{v_{\text{out}}}{i_{\text{out}}} \tag{7.1}$$

7.2 連続伝導モード（CCM）におけるパワー段の伝達関数

7.2.1 降圧コンバータ

図7.1の降圧コンバータの破線枠のスイッチとダイオードをPWMの小信号等価回路モデル（図7.3（c））に置き換えると**図7.5**が得られる。

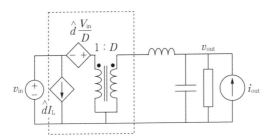

図7.5 降圧コンバータの小信号等価回路

降圧コンバータの入出力伝達関数 $G(s) = v_{\text{out}}/v_{\text{in}}$ は，図7.5において $\hat{d}=0$，$i_{\text{out}}=0$ とした**図7.6**を基に計算すると式 (7.2) となる。

$$G(s)\left(=\frac{v_{\text{out}}}{v_{\text{in}}}\right) = D \frac{\dfrac{1}{sC} // R_{\text{load}}}{sL + \dfrac{1}{sC} // R_{\text{load}}} \tag{7.2}$$

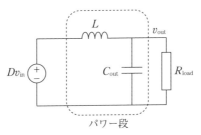

図7.6 入出力伝達関数 $G(s)$ の計算に使用した小信号等価回路

同様に，$G_{vd}(s) = v_{out}/\hat{d}$ は，図7.5に $v_{in}=0$, $i_{out}=0$ を代入して得られた**図7.7（a）**から式(7.3)となる。

$$G_{vd}(s)\left(=\frac{v_{out}}{\hat{d}}\right) = V_{in} \frac{\frac{1}{sC} // R_{load}}{sL + \frac{1}{sC} // R_{load}} \tag{7.3}$$

さらに，伝達関数 $Z_{out}(s) = v_{out}/i_{out}$ は図7.7（b）より式(7.4)となる。

$$Z_{out}(s)\left(=\frac{v_{out}}{i_{out}}\right) = sL // \frac{1}{sC} // R_{load} \tag{7.4}$$

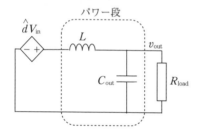 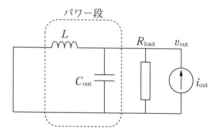

（a）$G_{vd}(s)$ の導出に用いた小信号等価回路　　（b）$Z_{out}(s)$ の導出に用いた小信号等価回路

図7.7　$G_{vd}(s)$ と $Z_{out}(s)$ の計算に使用した降圧コンバータの小信号等価回路

例題 7.1

$$G_{vd}(s)\left(=\frac{v_{out}}{\hat{d}}\right) = V_{in} \frac{\frac{1}{sC_{out}} // R_{load}}{sL + \frac{1}{sC_{out}} // R_{load}}$$ が $$G_{vd}(s) = V_{in} \frac{1}{\frac{s^2}{\omega_n^2} + 2\zeta \frac{s}{\omega_n} + 1}$$ に変換できることを示しなさい。

ただし，$2\zeta = \frac{1}{R_{load}}\sqrt{\frac{L}{C_{out}}}$, $\omega_n = \sqrt{\frac{1}{LC_{out}}}$ とする。

【解答】

$$G_{vd}(s) = V_{in} \frac{\frac{1}{sC_{out}} // R_{load}}{sL + \frac{1}{sC_{out}} // R_{load}} = V_{in} \frac{\frac{R_{load}}{sC_{out}}}{sL\left(\frac{1}{sC_{out}} + R_{load}\right) + \frac{R_{load}}{sC_{out}}}$$

7.2 連続伝導モード（CCM）におけるパワー段の伝達関数

$$= V_{\text{in}} \frac{R_{\text{load}}}{sL(1+sC_{\text{out}}R_{\text{load}})+R_{\text{load}}} = V_{\text{in}} \frac{1}{s^2 LC_{\text{out}}+s\dfrac{L}{R_{\text{load}}}+1} = V_{\text{in}} \frac{1}{\dfrac{s^2}{\omega_n^2}+2\zeta\dfrac{s}{\omega_n}+1}$$

∎

例題 7.2

図 7.7（a）において，コイルとコンデンサの実効的な直列抵抗 r_L, r_esr を考慮した図の小信号等価回路を用いて，$G_\text{vd}(s)$ が $G_\text{vd}(s) \fallingdotseq V_\text{in} \dfrac{1+\dfrac{s}{\omega_\text{esr}}}{\dfrac{s^2}{\omega_n^2}+2\zeta\dfrac{s}{\omega_n}+1}$ になることを示しなさい。ただし，$r_\text{esr} \ll R_\text{load}$, $\dfrac{L}{R_\text{load}} \gg C_\text{out}(r_\text{L}+r_\text{esr})$, $2\zeta = \dfrac{1}{R_\text{load}}\sqrt{\dfrac{L}{C_\text{out}}}$, $\omega_n = \sqrt{\dfrac{1}{LC_\text{out}}}$, $\omega_\text{esr} = \dfrac{1}{C_\text{out}r_\text{esr}}$ とする。

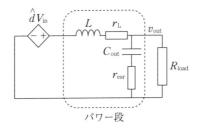

パワー段

【解答】

$$G_\text{vd}(s) = V_\text{in} \frac{\dfrac{\left(\dfrac{1}{sC_\text{out}}+r_\text{esr}\right)R_\text{load}}{\dfrac{1}{sC_\text{out}}+r_\text{esr}+R_\text{load}}}{sL+r_\text{L}+\dfrac{\left(\dfrac{1}{sC_\text{out}}+r_\text{esr}\right)R_\text{load}}{\dfrac{1}{sC_\text{out}}+r_\text{esr}+R_\text{load}}}$$

$$= V_\text{in} \frac{\left(\dfrac{1}{sC_\text{out}}+r_\text{esr}\right)R_\text{load}}{(sL+r_\text{L})\left(\dfrac{1}{sC_\text{out}}+r_\text{esr}+R_\text{load}\right)+\left(\dfrac{1}{sC_\text{out}}+r_\text{esr}\right)R_\text{load}}$$

7. パワー段の伝達関数

$$= V_{\text{in}} \frac{(1+sC_{\text{out}}r_{\text{esr}})R_{\text{load}}}{s^2LC_{\text{out}}(r_{\text{esr}}+R_{\text{load}})+s(L+C_{\text{out}}(r_{\text{esr}}+R_{\text{load}})r_L+C_{\text{out}}r_{\text{esr}}R_{\text{load}})+r_L+R_{\text{load}}}$$

$$\fallingdotseq V_{\text{in}} \frac{(1+sC_{\text{out}}r_{\text{esr}})}{s^2LC_{\text{out}}+s\left(\dfrac{L}{R_{\text{load}}}+C_{\text{out}}(r_L+r_{\text{esr}})\right)+1} \fallingdotseq V_{\text{in}} \frac{(1+sC_{\text{out}}r_{\text{esr}})}{s^2LC_{\text{out}}+s\dfrac{L}{R_{\text{load}}}+1}$$

$$= V_{\text{in}} \frac{1+\dfrac{s}{\omega_{\text{esr}}}}{\dfrac{s^2}{\omega_n^2}+2\zeta\dfrac{s}{\omega_n}+1}$$

ただし, $\zeta = \dfrac{1}{2R_{\text{load}}}\sqrt{\dfrac{L}{C_{\text{out}}}}$, $\omega_{\text{esr}} = \dfrac{1}{C_{\text{out}}r_{\text{esr}}}$, $\omega_n = \dfrac{1}{\sqrt{LC_{\text{out}}}}$ ∎

現実のコンバータの制御設計にこれらの伝達関数 ($G(s), G_{\text{vd}}(s), Z_{\text{out}}(s)$) を使用する際, 式 (7.2)〜(7.4) の導出過程で無視していたコイルとコンデンサの直列抵抗 r_L, r_{esr} を考慮する必要がある. 例題 7.2 の結果からわかるように, コンデンサ C_{out} の直列抵抗 r_{esr} はパワー段の伝達関数の零 $-\omega_{\text{esr}}$ になる. 式 (7.5) のパワー段の伝達関数 $H_C(s)$ を使えば, 上述の 3 種類の伝達関数 $G(s)$, $G_{\text{vd}}(s)$, $Z_{\text{out}}(s)$ は図 7.8 のようにまとめられる. 添字の C は CCM を表しており, 後に説明する DCM の伝達関数 $H_D(s)$ との区別をしている.

$$H_C(s) = \frac{1+\dfrac{s}{\omega_{\text{esr}}}}{\dfrac{s^2}{\omega_n^2}+2\zeta\dfrac{s}{\omega_n}+1} \tag{7.5}$$

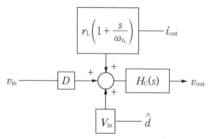

図 7.8 降圧コンバータの i_{out}, v_{in}, $\hat{d}$ の微小変動に対する出力電圧変動 v_{out} との関係を示すブロック線図

7.2 連続伝導モード（CCM）におけるパワー段の伝達関数

なお，定常状態 $(s \to 0)$ では $H_C(0) = 1$ であり，入出力電圧比 $G(s)$ は 6 章で求めた降圧コンバータのデューティ比 D と一致する。

パワー段の基本伝達関数 $H_C(s)$ のボード線図は，**図 7.9** に示すように，出力負荷抵抗 R_{load} が大きい $\left(\zeta = \dfrac{1}{2R_{\text{load}}} \sqrt{\dfrac{L}{C_{\text{out}}}} \text{ が小さい} \right)$ と LC_{out} による共振特性が顕著に現れ，角周波数 ω_n 付近で $|H_C(j\omega)|$ は大きなピークになる（2.3.1 項参照）。位相（図 7.9（下））に関しても R_{load} が大きいと角周波数 ω_n 近傍で 0° から $-180°$ に急峻に変化する $(\omega_n \ll \omega_{\text{esr}})$ が，さらに $\omega > \omega_{\text{esr}}$ 以上の角周波数領域では負の零 $(-\omega_{\text{esr}})$ の影響で位相が $-90°$ にまで回復する。

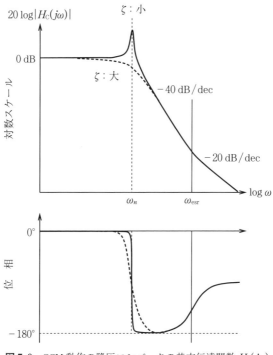

図 7.9 CCM 動作の降圧コンバータの基本伝達関数 $H_C(j\omega)$ のボード線図

7.2.2 昇圧コンバータ

図7.10 の昇圧コンバータのパワー段の伝達関数 $G(s)$, $G_{vd}(s)$, $Z_{out}(s)$ を導出するにあたって，ダイオードの向きが降圧コンバータの PWM スイッチの場合と違っていることに注意する必要がある。

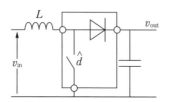

図7.10 昇圧コンバータのパワー段の基本回路

すなわち，**図7.11**（a）の昇圧コンバータの PWM スイッチのトランス表示回路では矢印の方向が図7.2（c）と違っている。図7.11（a）の D, V, I をそれぞれ微小変化 $\hat{d}$, v, i させると両端子に現れる電圧および電流は図（b）となる。さらに，DC 成分と微小量間の積を省略した図7.11（c）から昇圧コンバータの PWM スイッチの小信号解析モデルが導かれる（図7.11（d））。

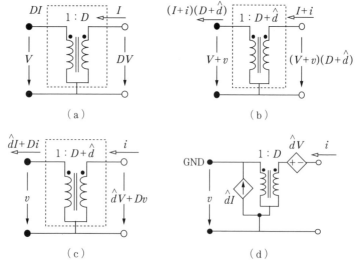

図7.11 昇圧コンバータの PWM スイッチの小信号等価回路の導出過程
　　　　（（a）→（b）→（c）→（d））

7.2 連続伝導モード（CCM）におけるパワー段の伝達関数　　113

例題 7.3

図（a）のように出力インピーダンス Z の電源 v_{in} に接続したトランス（巻線数比 $1:D$）の等価回路が図（b）になることを示しなさい。

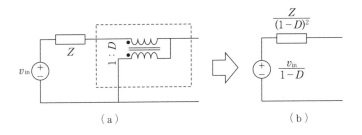

(a)　　(b)

【解答】

出力端子の電位を v_t 変動させたときの回路の電圧・電流方程式を解く。

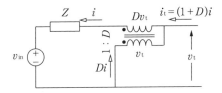

$$\left. \begin{array}{l} Zi + v_{in} + Dv_t = v_t \\ i_t = (1-D)i \end{array} \right\} \quad \Rightarrow \quad v_t = \frac{Z}{(1-D)^2} i_t + \frac{1}{(1-D)} v_{in}$$

i を消去

この結果，出力側からは，入力側のインピーダンスが $1/(1-D)^2$，電圧は $1/(1-D)$ に見える。　　■

図 7.10 の昇圧コンバータの PWM スイッチを図 7.11（d）の小信号等価回路に置換したものを**図 7.12**（a）に示す。さらに，例題 7.3 の結果を用いてトランスを外すと図 7.12（b）が得られる。

以下では，図 7.12（b）を用いて昇圧コンバータの 3 種類の伝達関数を導出する。入出力伝達関数 $G(s)$ は，PWM の等価回路（図 7.12（b））において $\hat{d}=0$ とした**図 7.13** の小信号等価回路から式 (7.6) と導ける。ただし，例題 7.3 の結果より，実効的なインダクタンス $L_e = \dfrac{L}{(1-D)^2}$ である。

7. パワー段の伝達関数

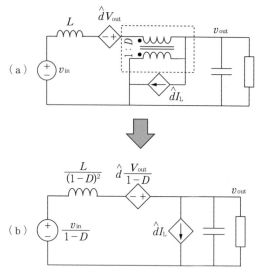

図7.12 昇圧コンバータの等価変換回路とその小信号モデル

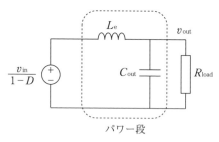

図7.13 入出力間の伝達関数 $G(s)$ の計算に使用した小信号等価回路

$$G(s)\left(=\frac{v_\text{out}}{v_\text{in}}\right)=\frac{1}{1-D}\frac{\frac{1}{sC_\text{out}}//R_\text{load}}{sL_\text{e}+\frac{1}{sC_\text{out}}//R_\text{load}} \tag{7.6}$$

定常状態 ($s \to 0$) では $H_\text{c}(0)=1$ であり，6章で求めた昇圧コンバータの入出力電圧比 $\dfrac{V_\text{out}}{V_\text{in}}=\dfrac{1}{1-D}$ と一致する。

デューティ比・出力伝達関数 $G_\text{vd}(s)$ は，$v_\text{in}=0$ を図7.12（b）に代入した**図**

7.2 連続伝導モード（CCM）におけるパワー段の伝達関数

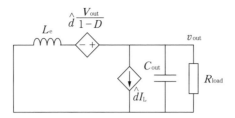

図7.14 $G_{vd}(s)$ の計算に用いた小信号等価回路

7.14 を用いて計算する。

図7.14 には電圧源 $\hat{d}V_{out}/(1-D)$ と電流源 $\hat{d}I_L$ の 2 電源が含まれているので，出力 v_{out} への寄与を別々に計算した後，それらを加え合わせる（重ね合わせの理）。

$$v_{out} = \frac{\dfrac{1}{sC_{out}} // R_{load}}{sL_e + \dfrac{1}{sC_{out}} // R_{load}} \frac{V_{out}}{1-D} \hat{d} - \frac{\dfrac{1}{sC_{out}} // R_{load}}{sL_e + \dfrac{1}{sC_{out}} // R_{load}} \hat{d} I_L s L_e$$

$$= \frac{\dfrac{1}{sC_{out}} // R_{load}}{sL_e + \dfrac{1}{sC_{out}} // R_{load}} \frac{V_{in}}{(1-D)^2} \left(1 - s\frac{L_e}{R_{load}}\right) \hat{d} \tag{7.7}$$

式 (7.7) の最後の式を導くにあたって式 (7.8) と $V_{out} = V_{in}/(1-D)$ を使用した。

$$I_{in} V_{in} = \frac{V_{out}^2}{R_{load}} \;\; \rightarrow \;\; I_L V_{in} = \frac{V_{in}^2}{R_{load}(1-D)^2} \;\; \rightarrow \;\; I_L = \frac{V_{in}}{R_{load}(1-D)^2} \tag{7.8}$$

デューティ比・出力伝達関数 $G_{vd}(s)$ は正の零 R_{load}/L_e を含む関数になる（式 (7.7)）。さらに，昇圧コンバータのコンデンサの直列抵抗 r_{esr} を考慮すると式 (7.9) となる。

$$G_{vd}(s) \left(= \frac{v_{out}}{\hat{d}}\right) \fallingdotseq \frac{V_{in}}{(1-D)^2} \frac{1 + \dfrac{s}{\omega_{esr}}}{\dfrac{s^2}{\omega_n^2} + 2\zeta \dfrac{s}{\omega_n} + 1} \left(1 - s\frac{L_e}{R_{load}}\right) \tag{7.9}$$

式 (7.9) の伝達関数に含まれている正の零 $\omega_{rhz} = R_{load}/L_e$ は位相をさらに 90°

116   7. パワー段の伝達関数

遅らせるため，その閉ループ（負帰還）システムを安定に動作させることは難しい（例題 7.4 参照）。

出力インピーダンス $Z(s)$ は，PWM の図 7.11（b）の等価回路に $\hat{d}=0$, $v_\text{in}=0$ を代入して $v_\text{out}/i_\text{out}$ の計算から得られる。

$$Z(s) = \frac{v_\text{out}}{i_\text{out}} = sL_\text{e} // \frac{1}{sC_\text{out}} // R_\text{load} \tag{7.10}$$

例題 7.4

正の零 ω_rhz を有する以下の伝達関数 $G_\text{vd}(s)$ のボード線図の概略を描きなさい。ただし，$\omega_n < \omega_\text{rhz} < \omega_\text{esr}$ とする。

$$G_\text{vd}(s)\left(=\frac{v_\text{out}}{\hat{d}}\right) = \frac{V_\text{in}}{(1-D)^2} \frac{\left(1+\dfrac{s}{\omega_\text{esr}}\right)\left(1-\dfrac{s}{\omega_\text{rhz}}\right)}{1+2\zeta\dfrac{s}{\omega_n}+\dfrac{s^2}{\omega_n^2}}$$

【解答】

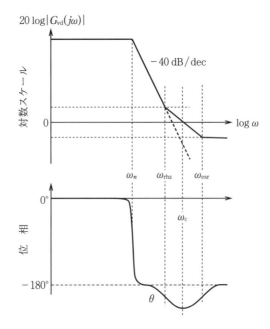

7.2 連続伝導モード（CCM）におけるパワー段の伝達関数　　117

クロスオーバー角周波数 ω_c における位相が $180°$ 以上遅れるため，閉ループシステムの動作は不安定になる。

［注］　伝達関数 $G_{vd}(s)$ に含まれる ζ に依存する ω_n 付近のピークは省略している。

7.2.3　各種コンバータの伝達関数

7.2.1項と7.2.2項で導いた降圧コンバータと昇圧コンバータにおけるパワー段の伝達関数 $G(s)$，$G_{vd}(s)$，$Z_{out}(s)$ には式 (7.11) の $H_C(s)$ が含まれている。

$$H_C(s) = \frac{1 + \dfrac{s}{\omega_{esr}}}{1 + 2\zeta\dfrac{s}{\omega_n} + \dfrac{s^2}{\omega_n^{~2}}} \tag{7.11}$$

表7.1 の伝達関数 $H_C(s)$ のパラメータ ω_n，ω_{esr} の一覧表より，出力コンデンサ C_{out} に r_{esr} の小さな積層セラミックコンデンサを使用すると，零 ω_{esr} は高周波領域に移動することがわかる。

表7.1　各種コンバータの ω_n，ω_{esr} と
部品パラメータの対応表

	ω_n		ω_{esr}
降　圧	$\dfrac{1}{\sqrt{LC_{out}}}$		$\dfrac{1}{C_{out}r_{esr}}$
昇　圧 極性反転	$\dfrac{1}{\sqrt{L_eC_{out}}}$	$\left(=\dfrac{1-D}{\sqrt{LC_{out}}}\right)$	

昇圧コンバータや極性反転コンバータでは LC 共振回路はスイッチ・オフ時 $((1-D)T_s)$ にのみ機能するため，降圧コンバータの共振周波数 ω_n に比べて小さく，昇圧コンバータの実効的なインダクタンス L_e は式 (7.12) となる（例題7.3 参照）。

$$L_e = \frac{L}{(1-D)^2} \tag{7.12}$$

$$2\zeta \fallingdotseq \frac{1}{R_{load}}\sqrt{\frac{L_e}{C_{out}}} \tag{7.13}$$

7. パワー段の伝達関数

3種類の伝達関数 $G(s)$, $G_{vd}(s)$, $Z_{out}(s)$ のなかでも，フィードバックループに組み込まれる伝達関数 $G_{vd}(s) = K_d(s)H_C(s)$ は，コンバータ動作の安定性に重要な役割を担っている。

表7.2 に示すように，昇圧コンバータと極性反転コンバータの $K_d(s)$ に含まれる正の零 $\omega_{rhz} = \dfrac{R_{load}}{L_e}$（位相遅れの原因）は，大きなインダクタンス L や小さな負荷抵抗 R_{load} の場合，低周波領域に現れるため，負帰還制御におけるループ補償が難しくなる（詳しくは9章参照）。これを回避する選択肢としては，DCM もしくは電流モード制御がある。

表 7.2 CCM 動作の各種コンバータの $G_{vd}(s)$ に含まれる係数 K_d

	$K_d(s)$
降 圧	V_{in}
昇 圧	
極性反転	$\dfrac{V_{in}}{(1-D)^2}\left(1 - \dfrac{s}{\omega_{rhz}}\right)$

例題 7.5

以下の問いに答えなさい。

（1） 図の降圧（Buck）コンバータ（CCM 動作）の $G_{vd}(s)$ を求めなさい。

（2） 1 Hz ～ 100 kHz の範囲でボード線図の概略を描きなさい。

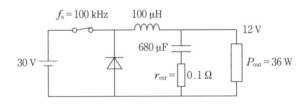

7.2 連続伝導モード (CCM) におけるパワー段の伝達関数

【解答】

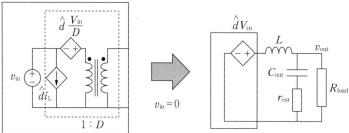

$$G_{vd}(s) = \frac{v_{out}}{\hat{d}} = V_{in}\frac{\left(\dfrac{1}{sC_{out}}+r_{esr}\right)//R_{load}}{sL+\left(\dfrac{1}{sC_{out}}+r_{esr}\right)//R_{load}}$$

$$= V_{in}\frac{(1+r_{esr}sC_{out})R_{load}}{sL(1+(r_{esr}+R_{load})sC_{out})+(1+r_{esr}sC_{out})R_{load}}$$

$$\fallingdotseq V_{in}\frac{(1+r_{esr}sC_{out})}{sL\left(\dfrac{1}{R_{load}}+sC_{out}\right)+(1+r_{esr}sC_{out})} \fallingdotseq V_{in}\frac{(1+r_{esr}sC_{out})}{s^2LC_{out}+\left(\dfrac{L}{R_{load}}+r_{esr}C_{out}\right)s+1}$$

$$\frac{V_{out}^{\ 2}}{R_{load}} = P_{out} \quad \rightarrow \quad R_{load} = \frac{12\times 12}{36} = 4\ \Omega$$

$$\omega_{esr} = \frac{1}{r_{esr}C_{out}} \quad \rightarrow \quad \frac{1}{0.1\times 680\times 10^{-6}} = \frac{10^6}{68} = 14.7\times 10^3\, \mathrm{rad/s} \quad \rightarrow \quad 2.34\ \mathrm{kHz}$$

$$\omega_n = \frac{1}{\sqrt{LC_{out}}} \quad \rightarrow \quad \frac{1}{\sqrt{100\times 10^{-6}\times 680\times 10^{-6}}} = \frac{10^6}{\sqrt{68\,000}} = \frac{10^4}{\sqrt{6.8}}$$

$$= 3.83\times 10^3\, \mathrm{rad/s} \quad \rightarrow \quad 0.61\times 10^3\, \mathrm{Hz}$$

$$2\zeta = \left(\frac{L}{R_{load}}+r_{esr}C_{out}\right)\omega_n \quad \rightarrow \quad \left(\frac{100\times 10^{-6}}{4}+0.1\times 680\times 10^{-6}\right)\times 3.83\times 10^3$$

$$= 93\times 3.83\times 10^{-3} = 0.356 \quad \rightarrow \quad \frac{1}{Q} \quad \rightarrow \quad Q = 2.8$$

120   7. パワー段の伝達関数

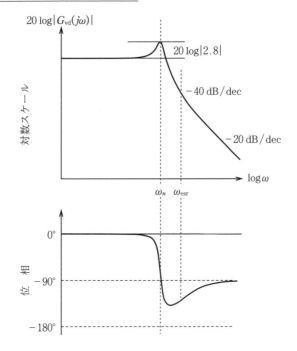

例題 7.6

図に示す降圧コンバータ（CCM動作）の1 kHz〜10 MHzの周波数範囲における $G_{vd}(j\omega)$ のボード線図の概略を描きなさい。

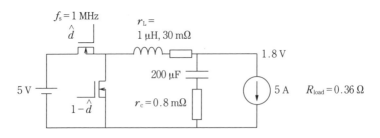

【解答】

$$\omega_n = \frac{1}{\sqrt{LC_{out}}} = \frac{1}{\sqrt{10^{-6} \times 200 \times 10^{-6}}} = \frac{10^5}{\sqrt{2}} = \frac{10^5}{1.414} = 70.7 \times 10^3 \text{ rad/s} \rightarrow 11 \text{ kHz}$$

$$\omega_{esr} = \frac{1}{r_c C_{out}} = \frac{1}{0.8 \times 10^{-3} \times 200 \times 10^{-6}} = \frac{10^7}{1.6} = 6.25 \times 10^3 \text{ rad/s} \rightarrow 1 \text{ MHz}$$

$G_{vd}(0) = V_{in} = 5 \text{ V} \rightarrow 14 \text{ dB}$

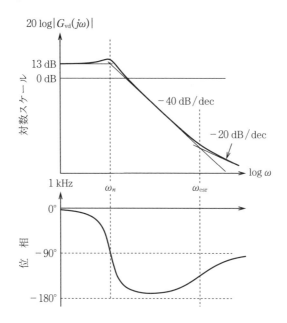

7.3 不連続伝導モード (DCM) の伝達関数

　不連続伝導モード (DCM) の PWM スイッチは，CCM の場合とはまったく異なる小信号等価回路になる。本節では，DCM 動作をする降圧コンバータの PWM スイッチの小信号等価回路を導出する。DCM 動作コンバータの PWM スイッチは，CCM 動作の場合（図 7.1 参照）と違って，スイッチ，ダイオード，インダクタの三素子から構成される。

7.3.1　DCM-PWM スイッチの小信号等価モデル

　降圧コンバータの PWM スイッチの入出力各端子に印加する電圧を V_{in}, V_{out}

とする。6章で述べたように，DCM動作ではインダクタ電流はサイクルごとにいったん零になるので，PWMスイッチのインダクタ L に流れる電流の最大値 ΔI_L は図7.15（b）より式（7.14）となる。

$$\Delta I_\mathrm{L} = \frac{V_\mathrm{in} - V_\mathrm{out}}{L} t_\mathrm{on} = \frac{V_\mathrm{in} - V_\mathrm{out}}{L} DT_\mathrm{s} \tag{7.14}$$

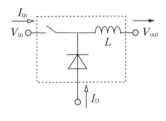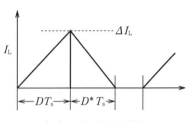

（a）PWMスイッチ　　　　　　（b）インダクタ電流

図7.15 DCMにおけるPWMスイッチとインダクタ電流

図7.15（a）の入力端子，GND端子には，それぞれ図（b）の三角形の面積に相当する電荷が流れることから式（7.15）と式（7.16）とが成り立つ。

$$I_\mathrm{in} = \frac{1}{T_\mathrm{s}} \left(\frac{\Delta I_\mathrm{L}}{2} DT_\mathrm{s} \right) = \frac{D^2 T_\mathrm{s}}{2L} (V_\mathrm{in} - V_\mathrm{out}) \tag{7.15}$$

$$I_\mathrm{D} = \frac{1}{T_\mathrm{s}} \left(\frac{\Delta I_\mathrm{L}}{2} D^* T_\mathrm{s} \right) = \frac{DD^* T_\mathrm{s}}{2L} (V_\mathrm{in} - V_\mathrm{out}) = \frac{D^2 T_\mathrm{s}}{2L} \frac{(V_\mathrm{in} - V_\mathrm{out})^2}{V_\mathrm{out}} \tag{7.16}$$

$$\because\ D(V_\mathrm{in} - V_\mathrm{out}) = D^* V_\mathrm{out}$$

I_in，I_D はそれぞれ入力端子とダイオード端子の平均電流である。

DCMのPWMスイッチの小信号等価回路を導出するため，**図7.16** の各端子電圧とデューティ比 D に微小変動（$V_\mathrm{in} - V_\mathrm{out} \to V_\mathrm{in} - V_\mathrm{out} + v_\mathrm{in} - v_\mathrm{out}$，$D \to D + \hat{d}$）を加えると，スイッチ端子電流 I_in の変動 i_in は式（7.17）より式（7.18）となる。この計算過程では，微小量どうしの積は小さいものとして省略した。

$$I_\mathrm{in} + i_\mathrm{in} = \frac{(D + \hat{d})^2 (V_\mathrm{in} - V_\mathrm{out} + v_\mathrm{in} - v_\mathrm{out})}{2L} T_\mathrm{s} \tag{7.17}$$

$$i_\mathrm{in} = \frac{v_\mathrm{in} - v_\mathrm{out}}{r_\mathrm{i}} + k_\mathrm{i} \hat{d} \tag{7.18}$$

7.3 不連続伝導モード (DCM) の伝達関数

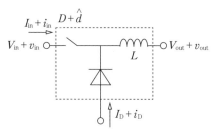

図 7.16 DCM-PWM スイッチのモデル導出に使用した入出力端子の電圧と電流

ただし，$r_\mathrm{i} = \dfrac{2L}{D^2 T_\mathrm{s}}$，$k_\mathrm{i} = \dfrac{2(V_\mathrm{in} - V_\mathrm{out})}{D r_\mathrm{i}}$

式 (7.18) の導出過程は付録 A (1) を参照されたい。

同様に，ダイオード電流 I_D に対する計算より式 (7.19) が得られる（付録 A (2) 参照）。

$$i_\mathrm{d} = g_\mathrm{m}(v_\mathrm{in} - v_\mathrm{out}) + k_\mathrm{o} \hat{d} - \frac{v_\mathrm{out}}{r_\mathrm{o}} \tag{7.19}$$

ただし，

$$g_\mathrm{m} = -\frac{2(V_\mathrm{in} - V_\mathrm{out})}{V_\mathrm{out}} \frac{1}{r_\mathrm{i}},\ \ k_\mathrm{o} = -\frac{2(V_\mathrm{in} - V_\mathrm{out})^2}{D V_\mathrm{out}} \frac{1}{r_\mathrm{i}},\ \ \frac{1}{r_\mathrm{o}} = \frac{(V_\mathrm{in} - V_\mathrm{out})^2}{V_\mathrm{out}^2} \frac{1}{r_\mathrm{i}}$$

以上の計算結果をまとめた不連続動作モード (DCM) の PWM スイッチの小信号等価回路モデルを図 7.17 に示す。この図には図 7.16 のインダクタが陽に含まれないため，DCM 動作の伝達関数は実数極のみとなる。

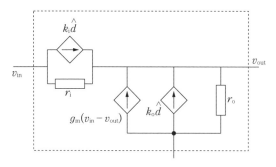

図 7.17 不連続動作モードの PWM スイッチの小信号等価回路

7.3.2 DCM の降圧コンバータの伝達関数

本項では，コンバータ動作の安定性に影響する伝達関数 $G_{vd}(s)$ を導出する。図 7.18（a）の破線枠部分を，DCM-PWM スイッチの小信号等価回路（図 7.17）に置き換えて $v_{in}=0$ としたものが図 7.18（b）である。

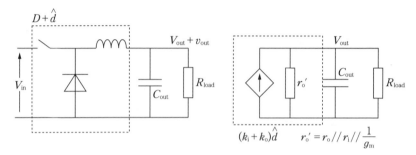

（a）降圧コンバータ回路　　　　（b）DCM における小信号等価回路

図 7.18　降圧コンバータの DCM における小信号等価回路

図 7.18（b）より式（7.20）が得られる。

$$G_{vd}(s)\left(=\frac{v_{out}}{\hat{d}}\right)=\frac{(k_i+k_o)}{\dfrac{1}{r_o'//R_{load}}+sC_{out}}=\frac{(k_i+k_o)(r_o'//R_{load})}{1+sC_{out}(r_o'//R_{load})}=\frac{K_d}{1+\dfrac{s}{\omega_p}}$$

(7.20)

同様に，入出力伝達関数 $G(s)$ は式（7.21）に示す分母が s の一次関数になる。

$$G(s)\left(=\frac{v_{out}}{v_{in}}\right)=\frac{g_m}{\dfrac{1}{r_o'//R_{load}}+sC_{out}}=\frac{g_m(r_o'//R_{load})}{1+sC_{out}(r_o'//R_{load})}=\frac{K_v}{1+\dfrac{s}{\omega_p}}$$

(7.21)

ただし，$K_d=(k_i+k_o)(r_o'//R_{load})$，$K_v=g_m(r_o'//R_{load})$，$\omega_p=\dfrac{1}{C_{out}(r_o'//R_{load})}$

さらに，コンデンサの ESR による負の零 $\omega_{esr}=1/C_{out}r_{esr}$ を考慮すると，DCM 動作時のパワー段伝達関数の基本形 $H_D(s)$ は式（7.22）となり，極と零をそれぞれ一つずつ含む基本伝達関数 $H_D(s)$ で表せる。添え字の D は DCM の意味である。

$$G(s) = K_{\mathrm{v}} \frac{1 + \dfrac{s}{\omega_{\mathrm{esr}}}}{1 + \dfrac{s}{\omega_{\mathrm{p}}}} = K_{\mathrm{v}} H_{\mathrm{D}}(s) \tag{7.22}$$

DCM の基本伝達関数はコイルに蓄えられる磁気エネルギーを 1 周期の間に完全に使い果たすため，RC 回路と同じ s の一次伝達関数（負の実数極 $-\omega_{\mathrm{p}}$）になり，DCM 動作中は LC 回路特有の振動波形は現れない。

7.3.3　各種 DCM 動作コンバータの伝達関数

前項と同様な方法で，昇圧コンバータや極性反転コンバータの伝達関数を導くことができる。これらのコンバータの伝達関数 $G_{\mathrm{vd}}(s) = K_{\mathrm{d}}(s) H_{\mathrm{D}}(s)$ には，CCM 動作の場合と同様，正の零が伝達関数に含まれる（**表 7.3**）が，負荷抵抗 R_{load} が大きな DCM の正の零は $\omega_{\mathrm{rhz}} > \omega_{\mathrm{c}}$ となり，負帰還コンバータ動作の安定性には影響しない。

表 7.3　DCM 動作モードの各種コンバータにおける伝達関数の K_{d} の値

	$K_{\mathrm{d}}(s)$	
降　圧	$\dfrac{2 V_{\mathrm{out}}}{D} \dfrac{1-M}{2-M}$	
昇　圧	$\dfrac{2 V_{\mathrm{out}}}{D} \dfrac{M-1}{2M-1}\left(1 - \dfrac{s}{\omega_{\mathrm{rhz}}}\right)$	
極性反転	$\dfrac{V_{\mathrm{out}}}{D}\left(1 - \dfrac{s}{\omega_{\mathrm{rhz}}}\right)$	

ω_{p}，ω_{rhz} と素子パラメータとの関係を**表 7.4** に示す。

表 7.3 と表 7.4 における定常状態の入出力利得 $M (= V_{\mathrm{out}} / V_{\mathrm{in}})$ は，**表 7.5** に示すように，コンバータごとに違っている。また，DCM の PWM スイッチで使用するパラメータ g_{m}，r_{o}，k_{o} はすべて M の関数である。

DCM では $\omega_{\mathrm{rhz}} \gg \omega_{\mathrm{c}}$ であるため，伝達関数 $G_{\mathrm{vd}}(s) = K_{\mathrm{d}}(s) H_{\mathrm{D}}(s)$ の極はクロスオーバー周波数以下には一つしかなく，ω_{p} から ω_{esr} までの周波数帯域では単極の伝達関数とみなせる。全周波数領域にわたって位相遅れが最大 90° に過ぎ

126   7. パワー段の伝達関数

表7.4 DCM動作の各種コンバータにおける ω_p
および ω_rhz と部品パラメータとの対応表

	ω_p	ω_rhz
降　圧	$\dfrac{1}{C_\mathrm{out}R_\mathrm{load}}\dfrac{2-M}{1-M}$	——
昇　圧	$\dfrac{1}{C_\mathrm{out}R_\mathrm{load}}\dfrac{2M-1}{M-1}$	$\dfrac{R_\mathrm{load}}{M^2L}$
極性反転	$\dfrac{2}{C_\mathrm{out}R_\mathrm{load}}$	$\dfrac{R_\mathrm{load}}{M(1-M)L}$

表7.5 各種コンバータの定常状態（DCM
動作）における入出力利得 M

	M	
降　圧	$\dfrac{2}{1+\sqrt{1+\dfrac{8\tau^*}{D^2}}}$	
昇　圧	$\dfrac{1+\sqrt{1+\dfrac{2D^2}{\tau^*}}}{2}$	$\tau^* = \dfrac{L}{R_\mathrm{load}T_\mathrm{s}}$
極性反転	$-\dfrac{D}{\sqrt{2\tau^*}}$	

ず，出力電圧を直接負帰還してもシステムの動作は安定である（ナイキストの
安定判別法）。その一方で，CCMに比べて利得の小さな（**図7.19**）中間周波
数領域では，出力電圧偏差はCCM動作の場合より大きくなる。

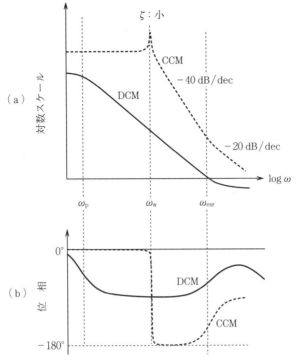

図 7.19 降圧コンバータの CCM（破線）と DCM（実線）動作時のボード線図

7.4 絶縁型コンバータの伝達関数

本節では，絶縁型コンバータとしてフライバックコンバータとフォワードコンバータを取り上げる。これらの伝達関数は，巻線数比 n を除いて，それぞれ極性反転コンバータと降圧コンバータと同じになる。

7.4.1 フライバックコンバータの伝達関数

図 7.20（a）のフライバックコンバータの二次側から一次側を見た等価回路は，① インピーダンスが n^2 倍，電圧が n 倍になること，② トランスの一次側と二次側のドット（•）が対向位置にあることを考慮して，図（b）のように

128   7. パワー段の伝達関数

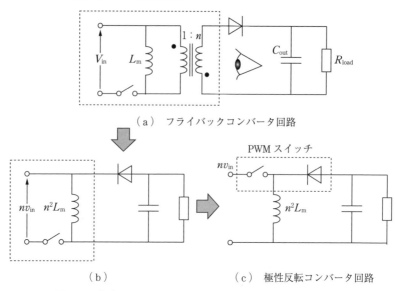

図 7.20 （a）フライバックコンバータ回路と（c）その等価回路

書き換えられる．さらに，スイッチの位置を変えた図 7.20（c）より，極性反転コンバータと同じ動作原理に基づくフライバックコンバータの伝達関数の中には右半平面の正の零が含まれるため，負帰還制御の下で安定にシステムを動作させることは難しい．

7.4.2　フォワードコンバータの伝達関数

図 7.21（a）に示す CCM 動作フォワードコンバータは，トランスの機能を考慮すると，図（b）の入力電圧が nV_{in} の降圧コンバータに変換できる．

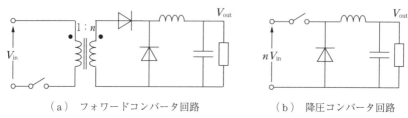

　　（a）フォワードコンバータ回路　　　　（b）降圧コンバータ回路
図 7.21　フォワードコンバータ回路の動作原理は降圧コンバータと同じ

7.4 絶縁型コンバータの伝達関数 **129**

トランスの二次側の電圧は入力に印加した電圧 V_{in} の n 倍になるので，CCM動作のフライバックコンバータやフォワードコンバータはともに入出力電圧比には n が含まれる（**表7.6**）。一方，DCM動作の場合には，入出力電圧比は巻線数比 n には依存せず，それぞれ極性反転コンバータ，降圧コンバータと同じ（表7.5）である。

表7.6 定常動作における CCM，DCM の入出力電圧比

	CCM	DCM	
フライバック	$n\dfrac{D}{1-D}$	$\dfrac{D}{\sqrt{2\tau^{\bullet}}}$	$\tau^{\bullet} = \dfrac{L_{c}}{R_{load}T_{s}}$
フォワード	nD	$\dfrac{2}{1+\sqrt{1+\dfrac{8\tau^{\bullet}}{D^{2}}}}$	

パワー段の基本伝達関数 $H_{C}(s)$，$H_{D}(s)$ はそれぞれ式（7.11）と式（7.22）で表される。パラメータ ω_{o}，ω_{rhz}，ω_{p}，ω_{esr} は，**表7.7**に示すように，D，n，C_{out}，r_{esr}，R_{load} の関数である。ζ は式（7.23）で与えられる。

$$\frac{1}{2\zeta} = \frac{R_{load}}{n}\sqrt{\frac{C_{out}}{L_{e}}} \qquad L_{e} = \frac{L_{m}}{(1-D)^{2}} \tag{7.23}$$

表7.7 フライバックコンバータとフォワードコンバータの基本伝達関数
$H_{C}(j\omega), H_{D}(j\omega)$ のパラメータ

	CCM		DCM		ω_{esr}
	ω_{n}	ω_{rhz}	ω_{p}	ω_{rhz}	
フライバック	$\dfrac{1-D}{n\sqrt{L_{m}C_{out}}}$	$\dfrac{(1-D)^{2}R_{load}}{DL_{m}n^{2}}$	$\dfrac{1}{R_{load}C_{out}}$	$\dfrac{R_{load}}{n\dfrac{V_{out}}{V_{in}}\left(1+\dfrac{V_{out}}{nV_{in}}\right)L_{m}}$	$\dfrac{1}{C_{out}r_{esr}}$
フォワード	$\dfrac{1}{\sqrt{LC_{out}}}$	——			

フライバックコンバータ（CCM）では，トランスの巻線数比の影響を受けて励磁インダクタンス L_{m} が n^{2} 倍になる。

CCM動作のフライバックコンバータは，正の零 ω_{rhz} によってループ補償が難しくなるため，通常は電流モード制御（10章参照）を使用する。また，

DCM動作の場合には，正の零 ω_{rhz} は高周波領域（$\omega_{\text{rhz}} \gg \omega_{\text{c}}$：クロスオーバー周波数）にあるため，ループ補償は容易である。

フライバックおよびフォワードコンバータの伝達関数 $G(s)$，$G_{\text{vd}}(s)$ に関わる比例係数 K_{v} と $K_{\text{d}}(s)$ を**表**7.8 に示す。

表7.8　各種コンバータの伝達関数 $G(s)$，$G_{\text{vd}}(s)$ に関わる比例係数

	K_{v}	$K_{\text{d}}(s)$
フライバック (DCM)	$M = \dfrac{V_{\text{out}}}{V_{\text{in}}}$	$V_{\text{in}}\sqrt{\dfrac{R_{\text{load}}T_{\text{s}}}{2L_{\text{m}}}}\left(1 - \dfrac{s}{\omega_{\text{rhz}}}\right)$
フォワード (CCM)	nD	nV_{in}

例題 7.7

伝達関数（式(1)）に含まれる正の零に注意して，以下のボード線図に式(1) と式(2) の伝達関数を概略描いて完成させなさい。$\omega_n \ll \omega_z \ll \omega_{\text{esr}}$，$\zeta = 0.2$ とする。図右上の四角の枠内に示す直線は -20 dB/dec の勾配である。

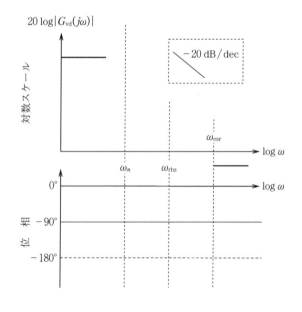

7.4 絶縁型コンバータの伝達関数

$$G_{vd}(s) = A \frac{\left(1 - \dfrac{s}{\omega_z}\right)\left(1 + \dfrac{s}{\omega_{esr}}\right)}{1 + 2\zeta \dfrac{s}{\omega_n} + \dfrac{s^2}{\omega_n^2}} \tag{1}$$

$$G_{vd}(s) = A \frac{\left(1 + \dfrac{s}{\omega_z}\right)\left(1 + \dfrac{s}{\omega_{esr}}\right)}{1 + 2\zeta \dfrac{s}{\omega_n} + \dfrac{s^2}{\omega_n^2}} \tag{2}$$

【解答】

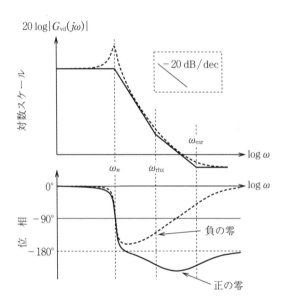

利得線図：式 (1) と式 (2) の伝達関数の利得線図はまったく同じである。
位相線図：角周波数が ω_{rhz} を超えると
  式 (1)：正の零は 90° 位相が遅れる
  式 (2)：負の零は 90° 位相が進む

例題 7.8

正の零を持つ伝達関数 $H(s) = \dfrac{1 - \dfrac{s}{\omega_{\text{rhz}}}}{1 + \dfrac{s}{\omega_{\text{p}}}}$ にステップ関数を入力したときの過渡応答を図示しなさい。

【解答】

$$v_{\text{out}}(s) = \frac{1 - \dfrac{s}{\omega_{\text{rhz}}}}{1 + \dfrac{s}{\omega_{\text{p}}}} \frac{1}{s} = \frac{1}{s} - \left(1 + \frac{\omega_{\text{p}}}{\omega_{\text{rhz}}}\right)\frac{1}{s + \omega_{\text{p}}} \;\rightarrow\; v_{\text{out}}(t) = 1 - \left(1 + \frac{\omega_{\text{p}}}{\omega_{\text{rhz}}}\right)e^{-\omega_{\text{p}} t}$$

$$v_{\text{out}}(0) = \lim_{s \to \infty} \frac{1 - \dfrac{s}{\omega_{\text{rhz}}}}{1 + \dfrac{s}{\omega_{\text{p}}}} = -\frac{\omega_{\text{p}}}{\omega_{\text{rhz}}} \qquad v_{\text{out}}(\infty) = \lim_{s \to 0} \frac{1 - \dfrac{s}{\omega_{\text{rhz}}}}{1 + \dfrac{s}{\omega_{\text{p}}}} = 1$$

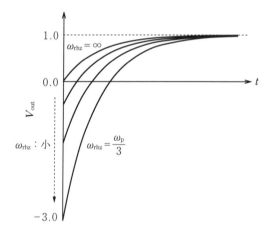

伝達関数に正の零が含まれていると，初期値 $v_{\text{out}}(0)$ が短時間，最終値 $v_{\text{out}}(\infty)$ とは逆方向に振れる。

8. ループ補償回路

コンバータでは，図 8.1 に示すように，出力電圧 V_out と参照電圧 V_ref との差をデューティ比 d に変換し，それを入力側に帰還して出力電圧を所定の値に維持している。この制御系では，コンバータ動作の安定性確保と出力偏差の抑制のためにループ補償回路 $C_\text{c}(s)$ を使用する。図 8.1 のループ補償回路 $C_\text{c}(s)$ の負号はこのシステムが負帰還であることを意味している。

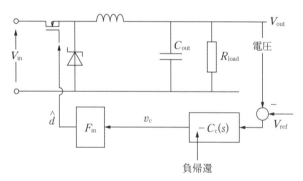

図 8.1 ループ補償回路 $C_\text{c}(s)$ を通したフィードバック降圧コンバータ

CCM 動作降圧コンバータのパワー段の小信号等価回路は，コンデンサの実効的な直列抵抗 (ESR) による零 ω_esr を含む式 (8.1) の伝達関数 $G_\text{vd}(s)$ で表される。

$$G_\text{vd}(s) = V_\text{in} \frac{1 + \dfrac{s}{\omega_\text{esr}}}{1 + 2\zeta \dfrac{s}{\omega_n} + \dfrac{s^2}{\omega_n^2}} \qquad \omega_n \ll \omega_\text{esr} \tag{8.1}$$

$\omega_n < \omega < \omega_\text{esr}$ の角周波数領域にクロスオーバー角周波数 ω_c があると，伝達関数 $G_\text{vd}(s)$ の位相が 180°遅れる（図 7.9 参照）ため，直接フィードバックをするとコンバータの動作は不安定になる。これを回避するために，ループ補償回路

134　　8. ループ補償回路

$C_c(s)$ を使って開ループ伝達関数の位相余裕 45°～60° を確保する。

8.1 ループ補償回路

　3.6 節で説明したように，出力電圧を指令値に合わせる（定常偏差＝0）には $|G_{vd}(j0)C_c(j0)| = \infty$ が必要であり，ループ補償回路 $C_c(s)$ には積分器 $1/s$ を含まなければならない。最も簡単なループ補償回路 $C_c(s)$ としては式 (8.2) の積分器が考えられる。

$$C_c(s) = \frac{K_v}{s} \tag{8.2}$$

　この複素数平面の原点に極がある Type-1 のループ補償回路は，**図 8.2**（ a ）に示すように，利得線図は周波数の増加とともに $-20\,\mathrm{dB/dec}$ で減衰し，位相は全帯域で 90° 遅れる。式 (8.1) のパワー段の伝達関数 $G(s)$ との組み合わせの下で位相余裕 45°～60° を確保するには，クロスオーバー角周波数 $\omega_c(=K_v)$ を式 (8.1) の ω_n 以下の周波数に設定せざるを得ず，過渡応答はかなり遅くなる。

　複素数平面の原点に極を持ち，式 (8.2) に代わるループ補償回路としては式 (8.3) の伝達関数が使われる。この Type-2 のループ補償回路の伝達関数 $C_c(s)$ は図 8.2（ b ）のボード線図で表される。式 (8.2) の伝達関数を追加することで，① 帰還システムの過渡応答速度の大幅な改善，② $\omega_z < \omega < \omega_p$ における位相の改善が見られる。

$$C_c(s) = \frac{K_v}{s} \frac{1 + \dfrac{s}{\omega_z}}{1 + \dfrac{s}{\omega_p}} \qquad \omega_z < \omega_p \tag{8.3}$$

　Type-2 のループ補償回路は，DCM 動作の電圧モード制御昇圧コンバータや極性反転コンバータ，フライバックコンバータや電流モード制御のコンバータなどで使用される。

　さらに，位相余裕の厳しい CCM 動作の電圧モード制御コンバータには式 (8.4) のループ補償回路 $C_c(s)$ が使われる。

8.1 ループ補償回路　*135*

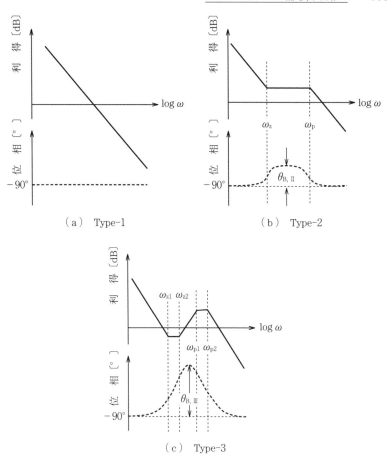

（a）Type-1　　（b）Type-2

（c）Type-3

図8.2　各種ループ補償回路のボード線図（θ_B は位相ブースト）

$$C_c(s) = \frac{K_v}{s} \frac{\left(1+\dfrac{s}{\omega_{z1}}\right)\left(1+\dfrac{s}{\omega_{z2}}\right)}{\left(1+\dfrac{s}{\omega_{p1}}\right)\left(1+\dfrac{s}{\omega_{p2}}\right)} \qquad \omega_{z1} \leq \omega_{z2} < \omega_{p1} \leq \omega_{p2} \tag{8.4}$$

この Type-3 のループ補償回路は，出力段の極 ω_n を超える周波数領域で $-40\,\mathrm{dB/dec}$ の減衰（$-180°$ の位相遅れ）のある電圧モード制御コンバータに使用する。出力段の二重極による利得の急峻な減衰を，Type-3 のループ補償回路に導入した二重零で相殺することで優れた過渡応答特性になる。

136　　8．ループ補償回路

Type-2 と Type-3 のループ補償回路の伝達関数 $C_c(s)$ は，Type-1 の伝達関数に極・零対（$\omega_z < \omega_p$）を追加したものとみなすことができる。

8.2　極・零対の導入による位相ブースト

ループ補償回路の位相改善が最大となる角周波数を開ループ伝達関数のクロスオーバー角周波数 ω_c に合わせると，位相余裕（$= \angle G(j\omega_c) + \angle C_c(j\omega_c) + 180°$）を使ってシステム動作の安定性を説明できる。なお，$C_c(j\omega_c)$ の位相ブースト（位相の進み）は，例題 3.9 で導いたように，零と極の幾何学平均（$\sqrt{\omega_z \omega_p}$）の周波数で最大となる。

（1）　ループ補償回路（**Type-2**）の位相ブースト

零・極対間の周波数帯域 $\omega_z < \omega < \omega_p$ における位相ブースト $\theta_B(\omega)$ は，零と極のそれぞれの寄与を加算したものになる。

$$\theta_B(\omega) = \tan^{-1}\left(\frac{\omega}{\omega_z}\right) - \tan^{-1}\left(\frac{\omega}{\omega_p}\right) \tag{8.5}$$

係数 K を用いてクロスオーバー角周波数 ω_c の $1/K$ 倍と K 倍の位置にそれぞれ零と極を配置すると，最大の位相ブースト $\theta_{B,II}$ が得られる。

$$\theta_{B,II} = \tan^{-1}K - \tan^{-1}\frac{1}{K} \qquad @ \ \omega = \omega_{c,II} \tag{8.6}$$

逆に，所望の位相ブースト $\theta_{B,II}$ を与えると，式 (8.7) より係数 K がユニークに決まる（導出は付録 B（1）参照）。ただし，$0 \leq \theta_{B,II} < 90°$ である。

$$K = \frac{\sin\theta_{B,II} + 1}{\cos\theta_{B,II}} \tag{8.7}$$

利得に関しては，**図 8.3** に示すように，低周波側で $1/K$ に低下し，高周波側では K 倍になる。

（2）　ループ補償回路（**Type-3**）の位相ブースト

Type-3 のループ補償回路 $C_c(s)$ の最大の位相ブースト $\theta_{B,III}$ は $C_c(s)$ の零と極を $\omega_{z1} = \omega_{z2}$，$\omega_{p1} = \omega_{p2}$ と仮定すれば簡単に計算できる。

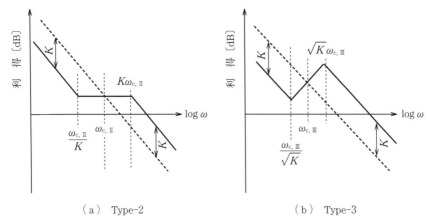

（a） Type-2　　　　　　　　　　（b） Type-3

図 8.3 Type-2 と Type-3 のループ補償回路の零と極の配置と利得の周波数特性

図 8.3 (b) のようにそれぞれ $1/\sqrt{K}$ 倍と $\sqrt{K}$ の周波数領域に零と極を配置すれば，Type-2 の場合と同様に式 (8.8) と式 (8.9) が成り立つ（導出は付録 B (2) 参照）。Type-3 のループ補償回路 $C_c(s)$ の特長は，最大の位相ブーストは $0 \leq \theta_{B,III} < 180°$ の範囲で設定できる点にある。

位相ブーストが大きな Type-3 のループ補償回路では，クロスオーバー角周波数 ω_c を高く設定できるため，閉ループシステムの過渡応答を速くできる。

$$\theta_{B,III} = 2\left(\tan^{-1}\sqrt{K} - \tan^{-1}\frac{1}{\sqrt{K}}\right) \quad @ \ \omega = \omega_{c,III} \tag{8.8}$$

$$K = \left(\frac{\sin\dfrac{\theta_{B,III}}{2} + 1}{\cos\dfrac{\theta_{B,III}}{2}}\right)^2 \tag{8.9}$$

参考までに，システムの応答時間は，開ループ伝達関数のクロスオーバー角周波数 ω_c の逆数程度となる（例題 9.1 参照）。

利得に関しては Type-2 の場合と同様，低周波側で $1/K$ に低減し，高周波側では K 倍に増加する。

このように，零と極を含むループ補償回路（Type-2 や Type-3）を使用すると帯域が広がって，過渡応答特性は改善する。

8.3 ループ補償回路の設計手順

（1） クロスオーバー角周波数 ω_c の設定

迅速な過渡応答には，コンバータのクロスオーバー角周波数 ω_c を可能な限り高くすべきであるが，現実的には PWM スイッチが小信号等価回路で表現できる実用上の上限であるスイッチング周波数の $1/10 \sim 1/5$ 程度にクロスオーバー周波数を設定する。

（2） ループ補償回路の利得計算

式 (8.1) のパワー段の伝達関数のクロスオーバー角周波数 ω_c における位相 $\angle G_{vd}(j\omega_c)$ と利得 $|G_{vd}(j\omega_c)|$ を計算する。

クロスオーバー角周波数 ω_c における開ループ伝達関数 $|G_{vd}(j\omega_c)F_m C_c(j\omega_c)|$ $=1$ より，ループ補償回路の $C_c(j\omega_c)$ を確定する。

$$|C_c(j\omega_c)| = \frac{1}{|F_m G_{vd}(j\omega_c)|} \tag{8.10}$$

F_m は PWM（パルス幅変調器）の利得（9.1.1 項参照）である。

（3） ループ補償回路の選択

ループ補償回路の選択については，位相ブーストが不要なケースでは Type-1，$70°$ 以下の位相ブーストでは Type-2，それ以上の位相ブーストが必要なケースでは Type-3 のループ補償回路を選択する。

（4） 位相余裕 PM を基に K 値を決定

開ループ伝達関数 $G_{vd}(s)F_m C_c(s)$ のクロスオーバー角周波数 ω_c における位相余裕 PM（phase margin）は式 (8.11) で表される。

$$PM = \angle G(j\omega_c) + 180° + \angle C_c(j\omega_c) \tag{8.11}$$

Type-2 のループ補償回路 $C_c(s)$ を使用する場合，所望の位相余裕 PM を式 (8.12) に代入して $\theta_{B,II}$ を計算する。

$$\theta_{B,II}(= \angle C_c(j\omega_c)) = PM - \angle G(j\omega_c) - 180° \tag{8.12}$$

$\theta_{B,II}$ を式 (8.6) に代入して K 値を決定する。Type-3 の $C_c(s)$ を使用する場合

も同様に,式 (8.11) を満たす $\theta_{B,III}(=\angle C_c(j\omega_c))$ を式 (8.9) に代入して K 値を決定する。

8.4 Type-2 のループ補償回路

Type-2 のループ補償回路 $C_c(s)$ では,角周波数帯域 $\omega_z < \omega < \omega_p$ で帰還信号の位相が進み,位相余裕が確保される。この伝達関数 $C_c(s)$ は,一般的に RC ネットワーク ($C_1 \gg C_2$) とオペアンプを用いて実現する(図 8.4)。

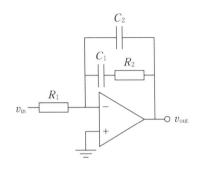
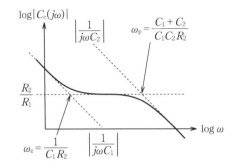

(a) Type-2 ループ補償回路 　　(b) Type-2 ループ補償回路の周波数特性

図 8.4 Type-2 の伝達関数 $C_c(s)$ とその周波数特性

伝達関数 $C_c(s)$ は,式 (8.13) のように分母が入力側のインピーダンス,分子が負帰還経路のインピーダンスの比となる(本シリーズ第 1 巻 5.1 節のオペアンプを使った反転増幅回路で説明している)。

$$C_c(s)\left(=-\frac{v_{out}(s)}{v_{in}(s)}\right)=\frac{\frac{1}{sC_2}//\left(R_2+\frac{1}{sC_1}\right)}{R_1}=\frac{1}{sR_1(C_1+C_2)}\frac{1+sC_1R_2}{1+s\frac{C_1C_2}{C_1+C_2}R_2}$$
(8.13)

式 (8.13) の分子の合成インピーダンス $\frac{1}{sC_2}//\left(R_2+\frac{1}{sC_1}\right)$ の周波数特性は,図 8.4 に示す抵抗 R_2 とコンデンサ C_1, C_2 の周波数特性から得られる。これは,図 8.3(a) の周波数特性と同じである。

140　　8. ループ補償回路

位相余裕 PM とクロスオーバー周波数 ω_c を指定すれば，式 (8.12) と式 (8.7) からパラメータ K が決まる。この値を使って，ループ補償回路（Type-2）の R_2, C_1, C_2 は式 (8.14) ～ (8.16) となる。なお，$|C_c(j\omega_c)|$ は式 (8.10) を介してパワー段の伝達関数 $G_{vd}(j\omega_c)$ と関係している。式 (8.14) ～ (8.16) の導出については例題 8.1 を参照されたい。

$$R_2 = \frac{K^2}{K^2 - 1} |C_c(j\omega_c)| R_1 \tag{8.14}$$

$$C_1 = \frac{K^2 - 1}{K} \frac{1}{\omega_c |C_c(j\omega_c)| R_1} \tag{8.15}$$

$$C_2 = \frac{1}{K} \frac{1}{\omega_c |C_c(j\omega_c)| R_1} \tag{8.16}$$

例題 8.1

Type-2 のループ補償回路（図 8.4（a））で，零と極が $\omega_z = \omega_c / K$, $\omega_p = K\omega_c$ で与えられるとき，R_2, C_1, C_2 を K, $|C_c(j\omega_c)|$, R_1 を用いて表しなさい。

【解答】

式 (8.3) と式 (8.12) の比較より

$$K_v = \frac{1}{R_1(C_1 + C_2)} \qquad \omega_z = \frac{1}{C_1 R_2} \qquad \omega_p = \frac{C_1 + C_2}{C_1 C_2 R_2}$$

$\omega_z = \omega_c / K$, $\omega_p = K\omega_c$ より

$$\frac{\omega_p}{\omega_z} = K^2 \qquad \omega_z = \frac{1}{C_1 R_2} \qquad \omega_p = \frac{C_1 + C_2}{C_1 C_2 R_2}$$

であることから

$$\frac{C_1}{C_2} = K^2 - 1$$

$$\omega_c = \sqrt{\omega_z \omega_p} = K\omega_z = \frac{K}{C_1 R_2} = \frac{K}{(K^2 - 1)C_2 R_2} \tag{1}$$

$$C_c(j\omega_c) = \frac{1}{sR_1(C_1 + C_2)} \frac{1 + \dfrac{Ks}{\omega_c}}{1 + \dfrac{s}{K\omega_c}} = \frac{1}{j\omega_c R_1 K^2 C_2} \frac{1 + jK}{1 + j\dfrac{1}{K}}$$

$$|C_c(j\omega_c)| = \frac{1}{\omega_c R_1 C_2 K} \sqrt{\frac{1+K^2}{1+K^2}} = \frac{1}{\omega_c R_1 C_2 K}$$

式(1) より

$$C_2 R_2 \omega_c = \frac{K}{K^2-1}$$

$$\therefore \quad |C_c(j\omega_c)| \frac{R_1}{R_2} = \frac{1}{\omega_c R_2 C_2 K} = \frac{K^2-1}{K^2} \tag{2}$$

式(2) より

$$R_2 = \frac{K^2}{K^2-1} |C_c(j\omega_c)| R_1 \tag{3}$$

式(3) を式(1) に代入して

$$C_1 = \frac{K^2-1}{K} \frac{1}{\omega_c |C_c(j\omega_c)| R_1} \qquad C_2 = \frac{1}{K} \frac{1}{\omega_c |C_c(j\omega_c)| R_1}$$

が導ける。 ∎

市販の制御ICでは，電圧制御電流源として機能するOTA（operational transconductance amplifier）によるループ補償回路もよく使われている。OTAは，式(8.17)のように入力電位差 v_{in} に比例した出力電流 i_{out} を生成する回路である（本シリーズ第1巻4.3.1項で説明している）。

$$i_{out} = G_m v_{in} \tag{8.17}$$

図8.4（a）の入力抵抗 R_1 が入力電圧 v_{in} を電流に変換する働き（オペアンプの反転入力端子電圧はGND）をしていることに気づけば，式(8.13)の $1/R_1$ を G_m に置き換えた図8.5がType-2のループ補償回路になる。

$$C_c(s) = G_m \left[\frac{1}{sC_2} // \left(R_2 + \frac{1}{sC_1} \right) \right] = \frac{G_m}{s(C_1+C_2)} \frac{1+sC_1 R_2}{1+s\dfrac{C_1 C_2}{C_1+C_2} R_2} \tag{8.18}$$

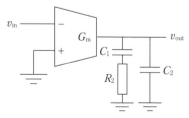

図8.5 OTAを使用したType-2のループ補償回路

8.5 Type-3 のループ補償回路

Type-3 の伝達関数 $C_c(s)$ を RC ネットワークとオペアンプで実現したものを図 8.6 に示す。

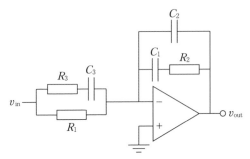

図 8.6 ループ補償回路 (Type-3)

伝達関数 $C_c(s)$ は，式 (8.19) のように分母が入力側のインピーダンス，分子が負帰還経路のインピーダンスの比となる（本シリーズ第 1 巻 5.1 節のオペアンプを使った反転増幅回路で説明している）。

$$C_c(s) = \frac{\dfrac{1}{sC_2} // \left(R_2 + \dfrac{1}{sC_1}\right)}{R_1 // \left(R_3 + \dfrac{1}{sC_3}\right)} = \frac{1}{sR_1(C_1+C_2)} \frac{(sC_3(R_1+R_3)+1)(sC_1R_2+1)}{(sC_3R_3+1)\left(s\dfrac{C_1C_2}{C_1+C_2}R_2+1\right)} \tag{8.19}$$

これは零が 2 個 $-\dfrac{1}{C_3(R_1+R_3)}$, $-\dfrac{1}{C_1R_2}$ と極が 2 個 $-\dfrac{1}{C_3R_3}$, $-\dfrac{1}{\dfrac{C_1C_2}{C_1+C_2}R_2}$

の複雑な伝達関数であるが，計算を簡単化するため，極と零のそれぞれを同じ値（重根）とすれば，その伝達関数は式 (8.20) で表される。

$$C_c(s) = \frac{K_v}{s} \frac{\left(1+\dfrac{s}{\omega_z}\right)^2}{\left(1+\dfrac{s}{\omega_p}\right)^2} \tag{8.20}$$

8.5 Type-3のループ補償回路

式 (8.20) のループ補償伝達関数 $C_c(s)$ の周波数特性は**図 8.7** となる。$-180°$ の位相遅れのある電圧モード制御のコンバータに使用すると，$\omega_z < \omega < \omega_p$ の帯域で $+90°$ に近い位相改善（勾配 $+20\,\mathrm{dB/dec}$）がある。しかも，ループ補償回路に導入した重根の零でループ帯域が広がり，コンバータの迅速応答も期待できる。

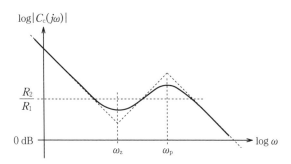

図 8.7 ループ補償回路（Type-3）は帯域 $\omega_z \sim \omega_p$ で位相が進む

位相余裕 PM とクロスオーバー周波数 ω_c により式 (8.12) と式 (8.9) からパラメータ K が決まると，Type-2 の場合と同様，抵抗 R_2, R_3 およびコンデンサ C_1, C_2, C_3 を式 (8.21)～(8.25) のように設定すれば，開ループ伝達関数 $G_{vd}(s) F_m C_c(s)$ の負帰還システムは安定に動作する。

$$R_2 = \frac{\sqrt{K}}{K-1} |C_c(j\omega_c)| R_1 \tag{8.21}$$

$$R_3 = \frac{R_1}{K-1} \tag{8.22}$$

$$C_1 = \frac{K-1}{\omega_c |C_c(j\omega_c)| R_1} \tag{8.23}$$

$$C_2 = \frac{1}{\omega_c |C_c(j\omega_c)| R_1} \tag{8.24}$$

$$C_3 = \frac{K-1}{\sqrt{K}} \frac{1}{\omega_c R_1} \tag{8.25}$$

144   8. ループ補償回路

例題 8.2

共役複素数の根を持つ伝達関数 $G(s)$ において，以下の問いに答えなさい。

（1） 角周波数 ω における利得 $|G(j\omega)|$ と位相 $\theta(\omega)$ を ω_n, ζ を用いて表しなさい。

$$G(s) = \frac{\omega_n^2}{s^2 + 2\zeta\omega_n s + \omega_n^2} \qquad 0 < \zeta < 1$$

（2） $\omega = \omega_n$, $\omega = 10\omega_n$ のときの位相を求めなさい。$\zeta = 1/\sqrt{2}$ とする。

【解答】

（1） $G(j\omega) = \dfrac{\omega_n^2}{-\omega^2 + 2\zeta\omega_n j\omega + \omega_n^2} = \dfrac{1}{-\dfrac{\omega^2}{\omega_n^2} + 2\zeta j\dfrac{\omega}{\omega_n} + 1}$

$\rightarrow$ $|G(j\omega)| = \dfrac{1}{\sqrt{\left(1 - \dfrac{\omega^2}{\omega_n^2}\right)^2 + \left(2\zeta\dfrac{\omega}{\omega_n}\right)^2}}$ $\qquad 0 < \zeta < 1$

$-\omega^2 + 2\zeta\omega_n\omega + \omega_n^2 = \omega_n^2 \left(j\dfrac{\omega}{\omega_n} + \zeta + j\sqrt{1-\zeta^2}\right)\left(j\dfrac{\omega}{\omega_n} + \zeta - j\sqrt{(1-\zeta^2)}\right)$

$\therefore$ $\theta(\omega) = -\tan^{-1}\dfrac{1}{\zeta}\left(\dfrac{\omega}{\omega_n} + \sqrt{1-\zeta^2}\right) - \tan^{-1}\dfrac{1}{\zeta}\left(\dfrac{\omega}{\omega_n} + \sqrt{1-\zeta^2}\right)$

（2） $\zeta = \dfrac{1}{\sqrt{2}}$ $\rightarrow$ $\theta = -\tan^{-1}\left(\sqrt{2}\dfrac{\omega}{\omega_n} + 1\right) - \tan^{-1}\left(\sqrt{2}\dfrac{\omega}{\omega_n} - 1\right)$

① $\omega = \omega_n$ $\qquad \theta = -\tan^{-1}\left(\sqrt{2} + 1\right) - \tan^{-1}\left(\sqrt{2} - 1\right) = -67.5 - 22.5$
$= -90°$

② $\omega = 10\omega_n$ $\qquad \theta = -\tan^{-1}\left(10\sqrt{2} + 1\right) - \tan^{-1}\left(10\sqrt{2} - 1\right) = -86.2 - 85.6$
$= -171.8°$

例題 8.3

式 (8.4) の伝達関数のループ補償回路 $C_c(s)$ を有する降圧コンバータがある。式 (8.1) の伝達関数 $G_{vd}(s)$ において，$\omega_{p1} = \omega_{esr}$ とした式 (1) の開ループ伝達関数の位相余裕 θ_m を求めなさい。ただし，$\omega_{z1} < \omega_n < \omega_{z2} < \omega_c < \omega_{p2}$ とする。

また，ω_{p2}/ω_{z2} が 4, 9, 16 のときの最大の位相余裕を計算しなさい。

8.5 Type-3 のループ補償回路　　145

$$C_c(s)F_m G_{vd}(s) = \frac{K_v}{s} \frac{V_{in}\left(1 + \dfrac{s}{\omega_{z1}}\right)\left(1 + \dfrac{s}{\omega_{z2}}\right)}{\left(1 + \dfrac{s}{\omega_{p2}}\right)\left(1 + 2\zeta\dfrac{s}{\omega_n} + \dfrac{s^2}{\omega_n^{\,2}}\right)} \tag{1}$$

【解答】

クロスオーバー周波数 ω_c での位相は，$C_c(j\omega_c)F_m G_{vd}(j\omega_c)$ より求められる。

$$C_c(j\omega_c)F_m G_{vd}(j\omega_c) = \frac{K_v F_m}{j\omega_c} \frac{V_{in}\left(1 + \dfrac{j\omega_c}{\omega_{z1}}\right)\left(1 + \dfrac{j\omega_c}{\omega_{z2}}\right)}{\left(1 + \dfrac{j\omega_c}{\omega_{p2}}\right)\left(1 + 2\zeta\dfrac{j\omega_c}{\omega_n} + \dfrac{(j\omega_c)^2}{\omega_n^{\,2}}\right)}$$

$$\doteqdot \frac{K_v F_m}{j\omega_c} \frac{V_{in}\dfrac{j\omega_c}{\omega_{z1}}\left(1 + \dfrac{j\omega_c}{\omega_{z2}}\right)}{\left(1 + \dfrac{j\omega_c}{\omega_{p2}}\right)\dfrac{(j\omega_c)^2}{\omega_n^{\,2}}}$$

$$\doteqdot -\frac{K_v F_m V_{in}\omega_n^{\,2}}{\omega_{z1}\omega_c^{\,2}} \frac{1 + \dfrac{j\omega_c}{\omega_{z2}}}{1 + \dfrac{j\omega_c}{\omega_{p2}}}$$

$$\rightarrow\quad \theta_m(\omega_c) = \tan^{-1}\frac{\omega_c}{\omega_{z2}} - \tan^{-1}\frac{\omega_c}{\omega_{p2}}$$

位相余裕 θ_m は $\omega_c = \sqrt{\omega_{z2}\omega_{p2}}$ で最大値になる。

$$\theta_{m,max} = \tan^{-1}\sqrt{\frac{\omega_{p2}}{\omega_{z2}}} - \tan^{-1}\sqrt{\frac{\omega_{z2}}{\omega_{p2}}}$$

$$\frac{\omega_{p2}}{\omega_{z2}} = 4 \quad\rightarrow\quad \theta_{m,max} = \tan^{-1}2 - \tan^{-1}\frac{1}{2} = 63.4 - 26.6 = 36.8°$$

$$\frac{\omega_{p2}}{\omega_{z2}} = 9 \quad\rightarrow\quad \theta_{m,max} = \tan^{-1}3 - \tan^{-1}\frac{1}{3} = 71.6 - 18.4 = 53.2°$$

$$\frac{\omega_{p2}}{\omega_{z2}} = 16 \quad\rightarrow\quad \theta_{m,max} = \tan^{-1}4 - \tan^{-1}\frac{1}{4} = 76.0 - 14.0 = 62°$$

9. 電圧モード制御

コンバータでは，出力電圧 V_{out} を一定に保つため，出力電流 I_{out} や入力電圧 V_{in} の変動をデューティ比 d に反映させるフィードバック制御を行っている。具体的には，出力電圧と指令値電圧との偏差信号をインダクタ電流に直接的に反映させる ① 電流モード制御と，間接的に反映する ② 電圧モード制御がある。いずれの方法でも，開ループ伝達関数の位相余裕を確保するためにループ補償回路 $C_{\text{c}}(s)$ が使われる。

本章では，7 章で導いた各種コンバータのパワー段の小信号等価回路を用いて，電圧モード制御について説明する。電流モード制御は 10 章で説明する。

9.1 電圧モード制御系の回路構成

電圧フィードバック制御によるスイッチングコンバータ回路の例を**図 9.1** に示す。

電圧モード制御では，オペアンプとコンデンサ，抵抗を組み合わせたループ補償回路 $C_{\text{c}}(s)$ を使用する。**図 9.2** のループ補償回路（Type-2，Type-3）はともに Z_{f}（オペアンプの入出力端子間にある RC ネットワーク）の直流インピーダンスが無限大であることから，出力電圧 V_{out} は式 (9.1 a) となる。これは，本シリーズ第 1 巻 5 章冒頭で説明しているように，オペアンプの規則 ①「入力インピーダンスは無限大」，規則 ②「負帰還オペアンプの反転端子と非反転端子電圧が同電位」であることから導ける。

$$V_{\text{out}} = \left(1 + \frac{Z_{\text{in}}}{R_1}\right) V_{\text{ref}} \tag{9.1 a}$$

9.1 電圧モード制御系の回路構成　　147

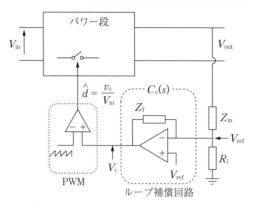

図 9.1　ループ補償回路 $C_c(s)$（破線枠），PWM（点線枠），パワー段からなるコンバータ回路

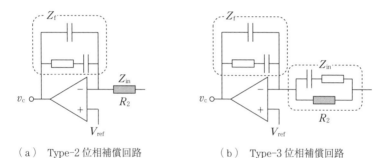

（a）Type-2 位相補償回路　　　　（b）Type-3 位相補償回路

図 9.2　Type-2 と Type-3 のループ補償回路

図 9.2 の入力インピーダンス Z_{in} に含まれる抵抗（灰色部）R_2 と式 (9.1 a) より，定常状態の直流出力電圧 V_{out} は式 (9.1 b) となる。

$$V_{out} = \left(1 + \frac{R_2}{R_1}\right) V_{ref} \tag{9.1 b}$$

図 9.1 の参照電圧 V_{ref} にバンドギャップ参照電源（本シリーズ第 2 巻 4.2.3 項で説明している）を使えば，抵抗 R_1 と R_2 の比率を調整することで任意の直流出力電圧 V_{out} が得られる。

出力電圧 V_{out} の変動量 v_{out} は，図 9.2 に示す Type-2, Type-3 のループ補償回路 $C_c(s)(=-Z_f(s)/Z_{in}(s))$ で制御信号 v_c に変換され，次段の PWM（パルス幅変調器）においてパワー段のスイッチング制御信号 $\hat{d}$ になる。

9.1.1 PWM の伝達関数

図 9.3 の PWM では，三角波とループ補償回路の出力（誤差）信号 $V_{\rm c} = V_{\rm C} + v_{\rm c}$ とを比較してデューティ比 $d = D + \hat{d}$ を出力する。$\hat{d}$ はデューティ比 D の微小変化量である。

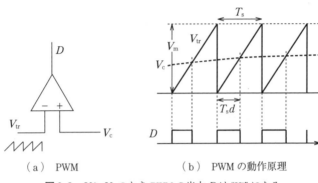

図 9.3　$V_{\rm c} > V_{\rm tr}$ のとき PWM の出力 D は "Hi" になる

三角波 $V_{\rm tr}$ の振幅を $V_{\rm m}$ とすれば，小出力信号変動 $v_{\rm c}$ に対するデューティ比の変動 $\hat{d}$ は式 (9.2) となる。

$$d = \frac{V_{\rm c}}{V_{\rm m}} \ \rightarrow \ D + \hat{d} = \frac{1}{V_{\rm m}}(V_{\rm c} + v_{\rm c}) \ \rightarrow \ \hat{d} = \frac{1}{V_{\rm m}} v_{\rm c} \tag{9.2}$$

式 (9.2) より，PWM の伝達関数 $F_{\rm m}$ は $1/V_{\rm m}$ となる。

9.1.2　電圧モード制御の開ループ伝達関数

図 9.1 のコンバータを，パワー段，PWM およびループ補償回路を伝達関数で表現したブロック線図を**図 9.4** に示す。

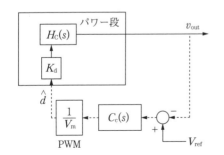

図 9.4　電圧モード制御コンバータのブロック線図（破線は信号の帰還経路）

9.1 電圧モード制御系の回路構成　　*149*

図 9.4 より，電圧モード制御の開ループ伝達関数 $T_\mathrm{V}(s)$ は式 (9.3) となる。

$$T_\mathrm{V}(s) = \frac{K_\mathrm{d}}{V_\mathrm{m}} H_\mathrm{C}(s) C_\mathrm{c}(s) \tag{9.3}$$

ループ補償回路の伝達関数 $C_\mathrm{c}(s)$ には，Type-2 の式 (9.4) または Type-3 の式 (9.5) が使われる。負帰還による定常出力電圧を式 (9.1 b) にするため，$C_\mathrm{c}(s)$ に積分項 $1/s$ を含めて，開ループ伝達関数の直流利得 $T_\mathrm{V}(j0) \to \infty$ とする。

$$C_\mathrm{c}(s) = \frac{K_\mathrm{v}}{s} \frac{1 + \dfrac{s}{\omega_\mathrm{z}}}{1 + \dfrac{s}{\omega_\mathrm{p}}} \tag{9.4}$$

$$C_\mathrm{c}(s) = \frac{K_\mathrm{v}}{s} \frac{\left(1 + \dfrac{s}{\omega_\mathrm{z1}}\right)\left(1 + \dfrac{s}{\omega_\mathrm{z2}}\right)}{\left(1 + \dfrac{s}{\omega_\mathrm{p1}}\right)\left(1 + \dfrac{s}{\omega_\mathrm{p2}}\right)} \tag{9.5}$$

$$T_\mathrm{V}(j0) = \frac{K_\mathrm{d}}{V_\mathrm{m}} H_\mathrm{C}(j0) C_\mathrm{c}(j0) \quad \to \quad \infty \tag{9.6}$$

次項では，降圧コンバータを例に，その動作解析をする。

［注］　伝達関数にクロスオーバー周波数 ω_c 以下の正の零 ω_rhz（$< \omega_\mathrm{c}$）が含まれている昇圧コンバータや極性反転コンバータの制御には，電流モード制御（10 章参照）を用いる。

9.1.3　降圧コンバータの開ループ伝達関数

表 7.2 より，降圧コンバータの K_d は V_in であることを考慮すると，**図 9.5** に示すように，伝達関数 $F_\mathrm{m}G_\mathrm{vd}(s) = \dfrac{V_\mathrm{in}}{V_\mathrm{m}} H_\mathrm{C}(j\omega)$ と Type-2 のループ補償回路 $C_\mathrm{c}(j\omega)$ の周波数特性はそれぞれ灰色線と破線になる。さらに，それらを合成すると開ループ伝達関数の周波数特性 $T_\mathrm{V}(j\omega)$ が得られる。クロスオーバー角周波数 ω_c が ω_esr と ω_p の間にあれば利得 0 dB 付近の勾配が -20 dB/dec になり，その負帰還システムは安定である（ナイキストの安定判別法）。

現実の回路では，設計どおりの極や零の値にならず，システムが不安定になる可能性がある。より大きな位相余裕のとれる Type-3 のループ補償回路を使

9. 電圧モード制御

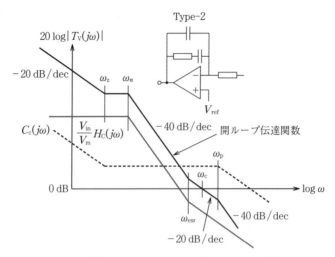

図 9.5 CCM動作の降圧コンバータの開ループ伝達関数 $T_V(j\omega)$（黒実線）

用する場合，極や零の配置は以下の手順で行う。

図 9.6 に示すように，$\omega_{p1} = \omega_{esr}$ と極・零を相殺（pole-zero cancellation）し，さらに ω_{z1} と ω_{z2} の幾何平均を LC 共振周波数 ω_n とする。すなわち，2個の零

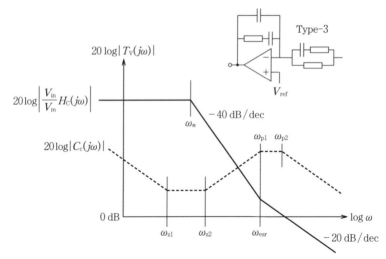

図 9.6 実線は降圧コンバータの伝達関数 $H_C(j\omega)$，破線は Type-3 のループ補償回路の伝達関数 $C_c(j\omega)$

を式 (9.7) のように設定する。K は 2〜3 程度の値である。

$$\omega_{z1} \fallingdotseq \frac{\omega_n}{K} \qquad \omega_{z2} \fallingdotseq K\omega_n \tag{9.7}$$

クロスオーバー角周波数 ω_c はスイッチング角周波数 ω_s の $1/5$〜$1/10$ 程度とし,開ループ伝達関数の位相余裕が $60°$ 以上になるように $\omega_{p2} > 2\omega_c$ とする。

$$\omega_{p2} \geq 2\omega_c \fallingdotseq (0.4 \sim 0.2)\omega_s \tag{9.8}$$

上述の条件下での伝達関数(実線)$F_m G_{vd}(s) = \frac{V_{in}}{V_m} H_C(j\omega)$ と Type-3 のループ補償回路の伝達関数(破線)$C_c(j\omega)$ は図 9.6 のようになる。

この結果,電圧ループの開ループ伝達関数 $T_V(j\omega) = \frac{V_{in}}{V_m} H_C(j\omega) C_c(j\omega)$ の周波数特性は**図 9.7** の破線のように広範囲に $-20\,\mathrm{dB/dec}$ の勾配が現れて,フィードバック(負帰還)下でもコンバータは安定に動作する。ただし,図 9.7 の実線のようにクロスオーバー角周波数 ω_c 付近での勾配が $-40\,\mathrm{dB/dec}$(位相余裕不足)にならないようループ補償回路の係数 K_v(式 (9.5))の調整が必要である。

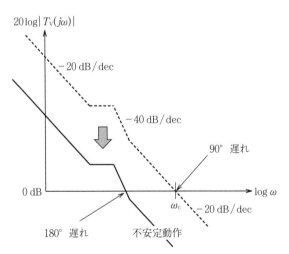

図 9.7 Type-3($\omega_{p1} \fallingdotseq \omega_{esr}$)のループ補償回路を使用した降圧コンバータの開ループ伝達関数の周波数特性

なお，DCM 動作時の伝達関数は位相遅れ最大 90°（図 7.19（b））なので，フィードバックによる不安定動作は生じない。

9.2 降圧コンバータの各種閉ループ伝達関数

前節では，降圧コンバータの開ループ伝達関数の周波数特性を説明してきたが，ここからは閉ループコンバータの特性とその効用について考える。

9.2.1 入出力間の伝達関数

降圧コンバータの閉ループ入出力伝達関数 $G_c(s)$ を，開ループ伝達関数

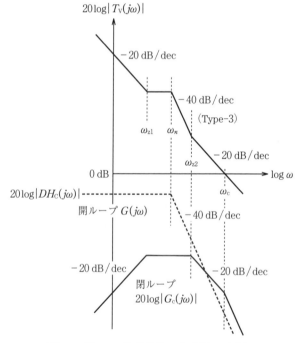

図 9.8 開ループ伝達関数 $T_V(j\omega)$（上の実線），開ループ入出力伝達関数 $DH_C(j\omega)$（破線），$G_c(j\omega)$ の周波数特性（下の実線）

$T_V(j\omega) = \dfrac{V_{in}}{V_m} H_C(j\omega) C_c(j\omega)$ を使って導出する。$G_c(s)$ の添え字 c は閉ループを意味している。

降圧コンバータの入出力間の開ループ伝達関数 $G(s) = DH_C(s)$ の周波数特性を**図 9.8** に破線で示す。フィードバック制御による閉ループ伝達関数 $G_c(s)$ は式 (9.9) で表される（3 章参照）ことから，その周波数特性は図 9.8 の下の実線になる。特に，開ループ伝達関数の利得が大きな低周波領域では利得が抑えられており，ゆっくりと変動する入力電圧 V_{in} に対して出力はほとんど変化しないことがわかる。

$$G_c(s) = \frac{G(s)}{1 + T_V(s)} = \frac{DH_C(s)}{1 + T_V(s)} \tag{9.9}$$

9.2.2 出力インピーダンス

図 7.5 (b) の降圧コンバータの小信号等価回路において，$v_{in} = 0$, $\hat{d} = 0$ とおいた**図 9.9** より開ループの出力インピーダンス $Z_{out}(s)$ は式 (9.10) となる。

$$Z_{out}(s) = (sL + r_L) // \left(\dfrac{1}{sC} + r_{esr} \right) // R_{load}$$

$$= (r_L // R_{load}) \left(1 + \dfrac{s}{\omega_{z_L}}\right) \dfrac{1 + \dfrac{s}{\omega_{esr}}}{1 + 2\zeta \dfrac{s}{\omega_n} + \dfrac{s^2}{\omega_n^2}} \tag{9.10}$$

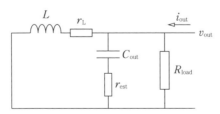

図 9.9 出力側から見た降圧コンバータ回路の等価回路

154 　　9. 電圧モード制御

例題 9.1

図 9.10 の出力インピーダンス $Z_{\text{out}}(s)$ が式 (9.10) の最右辺で表されることを確認し，ω_{z_L}, ω_{esr}, ω_n, ζ を r_L, r_{esr}, C_{out}, L を用いて表しなさい。電力損失を低減するために，r_L, r_{esr} を小さくすると反共振角周波数 ω_n におけるピーク値はどのようになるだろうか。

【解答】

$$Z_{\text{out}}(s) = (sL + r_\text{L}) // \left(\frac{1}{sC_{\text{out}}} + r_{\text{esr}} \right) // R_{\text{load}} = \frac{(sL + r_\text{L})\left(\dfrac{1}{sC_{\text{out}}} + r_{\text{esr}} \right)}{(sL + r_\text{L}) + \left(\dfrac{1}{sC_{\text{out}}} + r_{\text{esr}} \right)} // R_{\text{load}}$$

$$= \frac{r_\text{L}\left(s\dfrac{L}{r_\text{L}} + 1 \right)(1 + sC_{\text{out}} r_{\text{esr}})}{s^2 L C_{\text{out}} + s C_{\text{out}}(r_\text{L} + r_{\text{esr}}) + 1} // R_{\text{load}} = (r_\text{L} // R_{\text{load}})\left(1 + \frac{s}{\omega_{z_\text{L}}} \right) \frac{1 + \dfrac{s}{\omega_{\text{esr}}}}{1 + 2\zeta \dfrac{s}{\omega_n} + \dfrac{s^2}{\omega_n^2}}$$

$$\therefore \quad \omega_{z_\text{L}} = \frac{r_\text{L}}{L} \qquad \omega_{\text{esr}} = \frac{1}{C_{\text{out}} r_{\text{esr}}} \qquad \omega_n = \frac{1}{\sqrt{LC_{\text{out}}}} \qquad \zeta = \frac{1}{2}(r_\text{L} + r_{\text{esr}})\sqrt{\frac{C_{\text{out}}}{L}}$$

小さい r_L, r_{esr} によって ζ 値が小さくなると，反共振角周波数 ω_n におけるピークは顕著になる（図 9.10）。　　■

式 (9.10) で表される開ループインピーダンスの周波数特性は**図 9.10** の破線となる。$\omega < \omega_{z_\text{L}}(= r_\text{L}/L)$ の低周波領域では $Z_{\text{out}}(j0) = r_\text{L} // R_{\text{load}}$，高周波領域（$\omega > \omega_{\text{esr}}$）では $r_{\text{esr}} // R_{\text{load}}$ である。中間周波帯域（ω_n 付近）においては，コンデンサ C_{out} とコイル L の反共振（高インピーダンス）が現れる。

閉ループの出力インピーダンス $Z_{\text{c, out}}(j\omega)$ は式 (9.11) で表される（例題 9.3 参照）。図 9.10 下の実線のように，$|T_\text{V}(j\omega)|$ が大きな低周波ほど出力インピーダンスは小さく，中間周波領域では線形に増加し，さらに Type-3 ループ補償回路の ω_{z2} 以上の角周波数でほぼ一定となる。

$$Z_{\text{c, out}}(j\omega) = \frac{Z_{\text{out}}(j\omega)}{1 + T_\text{V}(j\omega)} \tag{9.11}$$

閉ループ（負帰還）によってパワー段の基本伝達関数 $H_\text{C}(s)$ が $1/(1 + T_\text{V}(j\omega))$

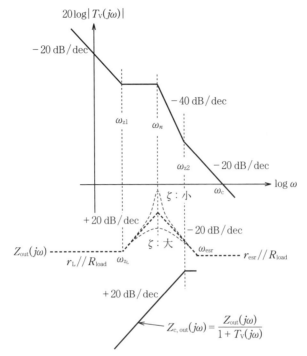

図 9.10 Type-3 ループ補償回路（$\omega_{z1} \fallingdotseq \omega_{z_L}, \omega_{p1} \fallingdotseq \omega_{esr}$ を仮定）を用いた降圧コンバータの開ループ伝達関数 $T_V(j\omega)$（上の実線），開ループ出力インピーダンス $Z_{out}(j\omega)$（破線），閉ループ出力インピーダンス $Z_{c,out}(j\omega)$ の周波数特性（下の実線）

倍されるので，入力電圧 V_{in} や出力電流 I_{out} の変動による出力電圧への影響は $T_V(j\omega)$ の利得の大きな周波数帯域ほど強く抑制される．図 7.8 を閉ループシステム向けに書き換えたものを**図 9.11** に示す．

156   9. 電圧モード制御

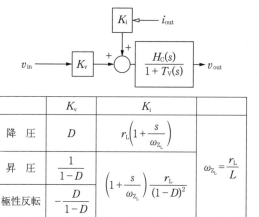

図9.11 負帰還降圧コンバータ（CCM動作）の出力電圧 v_{out} と入力電圧 v_{in}，出力電流 i_{out} との間の結合係数 K_v, K_i

例題 9.2

安定に動作するコンバータの開ループ伝達関数は，クロスオーバー角周波数 ω_c 付近でおおむね $G_{vd}(s)F_m C_c(s) \fallingdotseq \omega_c/s$ の特性を示す。

この伝達関数 $G_{vd}(s)F_m C_c(s)$ を有する閉ループコンバータのステップ入力に対する応答の時定数を求めなさい。

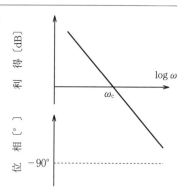

【解答】

開ループの伝達関数 $G_{vd}(s)F_m C_c(s) \fallingdotseq \omega_c/s$ のシステムを閉ループにしたとき，その伝達関数は次式となる。

$$G_c(s) = G_{vd}(s)F_m C_c(s) = \frac{\omega_c}{s + \omega_c}$$

ステップ応答は $G_c(s)\dfrac{1}{s}$ の逆ラプラス変換から求めることができる。

$$V(t) = 1 - e^{-\omega_c t} \quad \therefore \quad \frac{\omega_c}{s + \omega_c} \frac{1}{s} = \left(\frac{1}{s} - \frac{1}{s + \omega_c} \right)$$

収束する時定数は $1/\omega_c$ であり，クロスオーバー角周波数 ω_c が大きいほど収束が速いことがわかる。

例題 9.3

図のブロック線図を参考にして，負帰還システムの出力インピーダンスが次式で表されることを証明しなさい。

$$Z_{c, out}(s) = \frac{Z_{out}(s)}{1 + T_V(s)}$$

ただし，$T_V(s) = \dfrac{K_d}{V_m} C_c(s) H(s)$ とする。

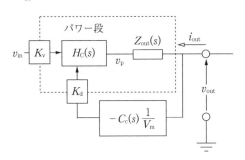

【解答】

$$v_{out} = v_p + Z_{out}(s) i_{out} \tag{1}$$

$$v_p = K_v v_{in} - \frac{K_d}{V_m} C_c(s) H(s) v_{out} = K_v v_{in} - T_V(s) v_{out} \tag{2}$$

式 (1) と式 (2) より v_p を消去すると式 (3) が得られる。

$$v_{out} = \frac{K_v v_{in} + Z_{out}(s) i_{out}}{1 + T_V(s)} \tag{3}$$

出力インピーダンスの計算の際には入力電圧を固定 ($v_{in} = 0$) する。

$$\therefore \quad Z_{c, out}(s) = \frac{v_{out}}{i_{out}} = \frac{Z_{out}(s)}{1 + T_V(s)}$$

10. 電流モード制御

　昇圧，極性反転，フライバックなど，正の零を有する伝達関数のコンバータ（CCM 動作）は電圧モードでの制御は難しく，1970 年代後半以降，これらのコンバータには電圧モードに代わる電流モード制御が使われてきた。

　インダクタ電流を直接制御する電流モード制御は電圧と電流の二重帰還ループになるが，そのループ補償には Type-2 のループ補償回路が使われる。しかも，インダクタンス電流をフィードバックする電流モード制御は，電圧モードよりも応答が速く，サイクルごとに電流の上限制限をかけることもできる。

10.1　電流モード制御

　本節では，電流モード降圧コンバータ（CCM 動作）の制御を説明する。電流モード制御は，図 10.1 のようにインダクタ電流 $I_L(t)$ と出力電圧 v_{out} か

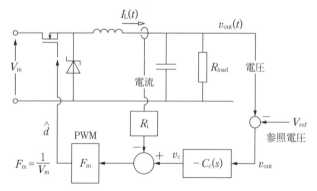

図 10.1　電圧モード制御ループの内側に電流モード制御ループを組み込んだ電流モード制御方式の降圧コンバータ回路

10.1 電流モード制御

ら生成したデューティ比 $\hat{d}$ でスイッチ素子をオン/オフする。

電流モード制御の利点は，① 電圧モード制御に比べ即応性に優れている，② 負荷電流が大きく変動した際の CCM から DCM への移行がスムーズ，③ 入力電源電圧 V_{in} 変動耐性（line rejection）に優れている，④ ループ補償回路の設計が容易，などである。

一方で，① 複雑な二重帰還ループ回路，② ピーク電流モード制御でのサブハーモニック発振（10.4.1 項参照），③ 大電流出力では電流センシングが困難，などの短所もある。

例題 10.1

図の降圧コンバータの小信号等価回路において，$i_L/\hat{d}$ が式 (1) で表されることを確認しなさい。ただし，r_{esr}, $r_L \ll R_{load}$, $C_{out}(r_{esr}+r_L) \ll L/R_{load}$ とする。

$$\frac{i_L}{\hat{d}} \fallingdotseq \frac{V_{in}}{R_{load}} \frac{(1+sC_{out}R_{load})}{1+s\dfrac{L}{R_{load}}+s^2 LC_{out}} \tag{1}$$

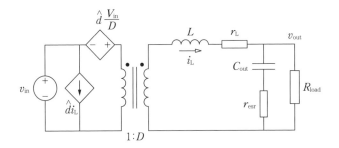

【解答】

与えられた等価回路図において $v_{in}=0$ とする。従属電流源 $\hat{d}i_L$ は短絡した v_{in} 電源側を流れて，1:D のトランスの二次側には流出しない。このことから，与えられた図は下図のように簡単化できる。

$$\frac{i_L}{\hat{d}} = \frac{V_{in}}{sL+r_L+\left(\dfrac{1}{sC_{out}}+r_{esr}\right)//R_{load}}$$

10. 電流モード制御

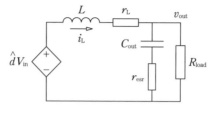

$$= \frac{V_{\text{in}}(1+sC_{\text{out}}(r_{\text{esr}}+R_{\text{load}}))}{(sL+r_{\text{L}})(1+sC_{\text{out}}(r_{\text{esr}}+R_{\text{load}}))+(1+sC_{\text{out}}r_{\text{esr}})R_{\text{load}}}$$

↓ ∵ $r_{\text{esr}}, r_{\text{L}} \ll R_{\text{load}}$

$$\fallingdotseq \frac{V_{\text{in}}(1+sC_{\text{out}}R_{\text{load}})}{r_{\text{L}}+R_{\text{load}}+sL+sC_{\text{out}}(r_{\text{L}}+r_{\text{esr}})R_{\text{load}}+s^2 LC_{\text{out}}R_{\text{load}}}$$

↓ ∵ $C_{\text{out}}(r_{\text{esr}}+r_{\text{L}}) \ll \dfrac{L}{R_{\text{load}}}$

$$\fallingdotseq \frac{V_{\text{in}}}{R_{\text{load}}} \frac{(1+sC_{\text{out}}R_{\text{load}})}{1+s\dfrac{L}{R_{\text{load}}}+s^2 LC_{\text{out}}} = \frac{V_{\text{in}}}{R_{\text{load}}} \frac{1+\dfrac{s}{\omega_{\text{id}}}}{1+2\zeta\dfrac{s}{\omega_n}+\dfrac{s^2}{\omega_n^2}}$$

∎

10.2 開ループ伝達関数

電流モード制御では，デューティ比 d の微小変動 $\hat{d}$ でインダクタ電流が変化する．例題 10.1 の結果より，$\hat{d}$ から i_{L} （インダクタ電流の変動量）への伝達関数は式（10.1）で与えられる．

$$G_{\text{id}}(s)\left(=\frac{i_{\text{L}}}{\hat{d}}\right) = \frac{V_{\text{in}}}{R_{\text{load}}}\left(1+\frac{s}{\omega_{\text{id}}}\right)H_{\text{C}}(s) \tag{10.1}$$

$$H_{\text{C}}(s) = \frac{1}{1+2\zeta\dfrac{s}{\omega_n}+\dfrac{s^2}{\omega_n^2}} \tag{10.2}$$

式（10.2）に含まれる ζ 値は式（10.3）である．

$$2\zeta \fallingdotseq \frac{1}{R_{\text{load}}}\sqrt{\frac{L}{C_{\text{out}}}} \tag{10.3}$$

同様に，V_{in} から i_{L} への伝達関数は式（10.4）となる．

$$G_{ii}(s)\left(=\frac{i_L}{v_{in}}\right)=\frac{D}{R_{load}}\left(1+\frac{s}{\omega_{id}}\right)H_C(s) \tag{10.4}$$

降圧コンバータ以外のコンバータの伝達関数 $G_{id}(s)$, $G_{ii}(s)$ についても，係数 K_{id}, K_{ii} を使って式 (10.5), (10.6) のように表される。

$$G_{id}(s)=K_{id}\left(1+\frac{s}{\omega_{id}}\right)H_C(s) \tag{10.5}$$

$$G_{ii}(s)=K_{ii}\left(1+\frac{s}{\omega_{ii}}\right)H_C(s) \qquad \omega_{ii}\left(=\frac{1}{C_{out}R_{load}}\right) \tag{10.6}$$

これらをブロック線図にまとめると図 10.2 となる。

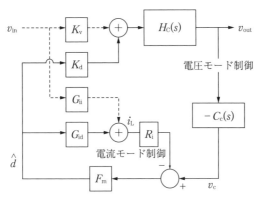

図 10.2 電流モード制御における入力電圧 v_{in}, デューティ比 $\hat{d}$, コイル電流 i_L の変動と出力電圧 v_{out} との関係図

ここで，K_{ii}, K_{id}, ω_{id} を**表 10.1** に示す。3 種類のコンバータの K_{id} に入力電圧 V_{in} が含まれていることから，$1/V_{in}$ をフィードフォワードする機構を電流モード制御回路に組み込めば，入力電圧 V_{in} の突然の変動に対して利得が変化しないコンバータとなる。

表 10.1　各種コンバータの電流モード制御におけるパラメータセット

	K_ii	K_id	ω_id
降　圧	$\dfrac{D}{R_\text{load}}$	$\dfrac{V_\text{in}}{R_\text{load}}$	$\dfrac{1}{C_\text{out}R_\text{load}}$
昇　圧	$\dfrac{1}{(1-D)^2 R_\text{load}}$	$\dfrac{2V_\text{in}}{(1-D)^3 R_\text{load}}$	$\dfrac{2}{C_\text{out}R_\text{load}}$
極性反転	$\dfrac{D}{(1-D)^2 R_\text{load}}$	$\dfrac{(1+D)V_\text{in}}{(1-D)^3 R_\text{load}}$	$\dfrac{1+D}{C_\text{out}R_\text{load}}$

10.3　電流モード制御システムの安定性

10.3.1　コンバータの安定動作条件

図 10.3 のブロック線図より，電流ループと電圧ループの開ループ伝達関数 $T_\text{I}(s)$，$T_\text{V}(s)$ はそれぞれ式 (10.7) と式 (10.8) となる。

$$T_\text{I}(s) = G_\text{id}(s) R_\text{i} F_\text{m} \tag{10.7}$$

$$T_\text{V}(s) = K_\text{d} H_\text{C}(s) C_\text{c}(s) F_\text{m} \tag{10.8}$$

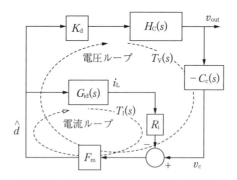

図 10.3　電流と電圧の二重帰還ループ制御コンバータのブロック線図

図 10.2 より，電流ループと電圧ループの制御が正常に機能しているコンバータでは式 (10.9)，(10.10) が成り立つ。

$$v_\text{out} = \left(K_\text{v} v_\text{in} + K_\text{d} \hat{d}\right) H_\text{C}(s) \tag{10.9}$$

$$\hat{d} = \left(-(G_{ii}(s)v_{in} + G_{id}(s)\hat{d})R_i - C_c(s)v_{out} \right) F_m \tag{10.10}$$

式 (10.9) と式 (10.10) から $\hat{d}$ を消去すると，電流制御経路を閉じた入出力伝達関数 $G_c(s)$ が得られる。

$$G_c(s)\left(=\frac{v_{out}}{v_{in}}\bigg|_{closed}\right) = \frac{K_v(1+G_{id}(s)F_m R_i) - K_d F_m R_i G_{ii}(s)}{1+T_l(s)+T_v(s)} H_C(s) \tag{10.11}$$

3.4.2項「ナイキストの安定判別法」から類推して，式 (10.11) の分母の $T_l(j\omega) + T_v(j\omega)$ が負帰還システムの安定性の鍵となることがわかる。

式 (10.7) に式 (10.5) の $G_{id}(s)$ を代入すると，電流ループの開ループ伝達関数 $T_l(j\omega)$ は式 (10.12) で表される。

$$T_l(j\omega) = K_{id} \frac{1+\dfrac{j\omega}{\omega_{id}}}{1+2\zeta\dfrac{j\omega}{\omega_n} - \dfrac{\omega^2}{\omega_n^2}} F_m R_i \tag{10.12}$$

$\omega_{id} < \omega_n$ であれば，図 10.4 に示すように，電流ループの利得 $T_l(j\omega)$ は $\omega > \omega_n$ で周波数の逆数（$-20\,\mathrm{dB/dec}$）に比例する（位相 90° 遅れの）特性になる。

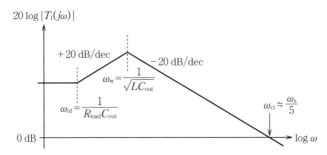

図 10.4 電流ループ利得 $T_l(j\omega)$ の周波数特性（ω_{ci}：電流ループ伝達関数のクロスオーバー角周波数）

10.3.2 電圧モード制御ループの周波数特性

電圧モード制御ループの伝達関数の周波数特性 $T_v(j\omega)$ はコンバータの種類によって違ってくる。

(1) 降圧コンバータ

電圧ループに Type-2 のループ補償回路 $C_c(s)$ を使用すると，$K_d = V_{in}$（表7.2参照）と式 (8.4) より式 (10.8) は式 (10.13) となる。計算に際して極・零を相殺（$\omega_p = \omega_{esr}$）した。

$$T_V(j\omega) = V_{in} F_m \frac{K_v\left(1 + \dfrac{j\omega}{\omega_z}\right)}{j\omega\left(1 + 2\zeta\dfrac{j\omega}{\omega_n} - \dfrac{\omega^2}{\omega_n^2}\right)} \tag{10.13}$$

図 10.5 に示すように，この開ループ伝達関数 $T_V(j\omega)$ はクロスオーバー周波数 ω_c 付近で位相が 180° 遅れており，このままの出力をフィードバックするとコンバータの動作は不安定になる。

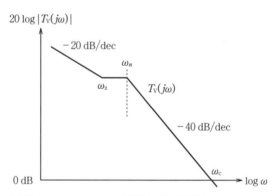

図 10.5 Type-2 のループ補償を行った降圧コンバータの電圧ループ開ループ伝達関数 $T_V(j\omega)$ の周波数特性

(2) 昇圧コンバータ，極性反転コンバータ

Type-2 のループ補償回路 $C_c(s)$ を使用すると，極・零の相殺（$\omega_p = \omega_{esr}$）の下で式 (10.8) は式 (10.14) となる。式の導出にあたって表 7.2 と式 (8.3) を使用した。

$$T_V(s) = \frac{V_{in}}{(1-D)^2} \frac{\left(1 - \dfrac{s}{\omega_{rhz}}\right)\left(1 + \dfrac{s}{\omega_{esr}}\right)}{1 + 2\zeta\dfrac{s}{\omega_n} + \dfrac{s^2}{\omega_n^2}} K_v \frac{1 + \dfrac{s}{\omega_z}}{s\left(1 + \dfrac{s}{\omega_p}\right)} F_m \tag{10.14}$$

この開ループ伝達関数 $T_V(j\omega)$ は，正の零 ω_{rhz} の影響でクロスオーバー周波数 ω_c 付近で位相が 180°以上遅れており，降圧コンバータの場合と同様，出力電圧をフィードバックしたコンバータの動作は不安定になる（**図10.6**）。なお，昇圧コンバータや極性反転コンバータの正の零は式 (10.15 a)（118 ページ参照）と式 (10.15 b) に示すように，デューティ比 D と負荷抵抗 R_{load} の関数である。

$$\omega_{rhz} = \frac{R_{load}(1-D)^2}{L} : 昇圧 \tag{10.15 a}$$

$$\omega_{rhz} = \frac{R_{load}(1-D)^2}{DL} : 極性反転 \tag{10.15 b}$$

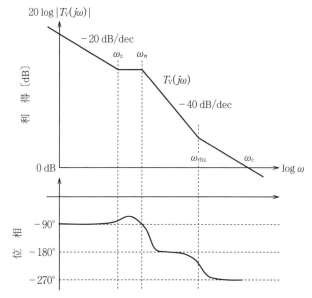

図 10.6 Type-2 のループ補償回路を使った昇圧コンバータの電圧ループ開ループ伝達関数 $T_V(j\omega)$ の周波数特性（極・零を相殺（$\omega_p = \omega_{esr}$）している）

この正の零 ω_{rhz} は，低負荷抵抗（高出力負荷電流）時には低周波領域にあることから，Type-2 のループ補償回路を用いた電圧モード制御でコンバータを安定動作させることはきわめて難しい。

10.3.3 二重帰還による安定なシステム動作

前項で述べたように，電圧モード制御 ($T_V(s)$) で，正の零を持つコンバータを安定に動作させることは容易ではないが，安定性が $T_I(j\omega) + T_V(j\omega)$ で決まる電流モード制御 (10.3.1 項) では事情はまったく違ってくる。

すなわち，$T_I(j\omega)$ と $T_V(j\omega)$ のボード線図 (**図 10.7**) を基に，クロスオーバー角周波数 ω_c 付近で $|T_I(j\omega)| > |T_V(j\omega)|$ を満たすよう利得調整をすれば，$T_I(j\omega) + T_V(j\omega)$ の勾配は $-20\,\mathrm{dB/dec}$ (位相余裕：$90°$) となり，出力電圧をフィードバックをしてもシステム動作は安定である。

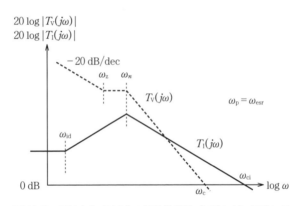

図 10.7 $T_I(j\omega)$ と $T_V(j\omega)$ の周波数特性 ($|T_I(j\omega_c)| > |T_V(j\omega_c)|$ であれば，電流モード制御コンバータの動作は安定である)

電流モード制御 (二重帰還制御) では，降圧，昇圧，極性反転など，コンバータの種類によらず $|T_I(j\omega_c)| > |T_V(j\omega_c)|$ である限り，フィードバックシステムは安定に動作する。しかも，すべてのコンバータに Type-2 のループ補償回路 $C_c(s)$ が適用できる。

なお，$T_I(j\omega) + T_V(j\omega)$ のクロスオーバー角周波数 ω_c は式 (10.12) より式 (10.16) となる (例題 10.2 参照)。

$$\omega_c \fallingdotseq K_{id} F_m R_i \frac{\omega_n^2}{\omega_{id}} \tag{10.16}$$

この ω_c の値はスイッチング角周波数 ω_s の $\dfrac{1}{5} \sim \dfrac{1}{10}$ 程度 (小信号等価回路モ

10.4 電流モード制御の回路方式 *167*

デルの適用上限値）に設定する。

例題 10.2

式 (10.12) を用いて，$|T_1(j\omega_c) + T_v(j\omega_c)| \fallingdotseq |T_1(j\omega_c)| = 1$ となるクロスオーバー角周波数 ω_c 付近で式 (10.16) が成り立つことを示しなさい。

【解答】

式 (10.12) より

$$T_1(s) = K_{id} \frac{1 + \dfrac{s}{\omega_{id}}}{1 + 2\zeta \dfrac{s}{\omega_n} + \dfrac{s^2}{\omega_n^2}} F_m R_i$$

は，$\omega_c \gg \omega_n$，ω_{id} の下で以下のように近似できる。

$$|T_1(j\omega_c)| \fallingdotseq \left| \frac{V_{in}}{R_{load}} \frac{\dfrac{j\omega_c}{\omega_{id}}}{\dfrac{(j\omega_c)^2}{\omega_n^2}} F_m R_i \right| = \frac{V_{in}}{R_{load}} \frac{\omega_n^2}{\omega_{id} \omega_c} F_m R_i$$

$|T_1(j\omega_c)| = 1$ より，$\omega_c \fallingdotseq K_{id} F_m R_i \dfrac{\omega_n^2}{\omega_{id}}$ が得られる。

■

10.4 電流モード制御の回路方式

電流モード制御は，① ループ補償回路の設計が容易，② システム動作が安定，③ 対入力電圧変動特性に優れる，などの利点により，コンバータの実用的な制御方式として広く使われている。

コンバータに電流モード制御を組み込む具体的な方法としては，ピーク電流，バレー電流，平均電流などと，出力電圧の偏差に基づく基準電流値を比較して，パワースイッチを切り替える方式が使われている。

10.4.1 ピーク電流モード制御回路

ピーク電流モード制御（固定スイッチング周波数）の降圧コンバータ回路を

図 10.8 に示す。ループ補償回路 $C_c(s)$ の入出力端子間に直流電流経路がない（直流利得が無限大）ことから，定常動作の下では点 A の電位は参照電圧 V_{ref} に固定される。したがって，出力電圧 V_{out} の変動による電流 $(V_{out} - V_{ref})/R_1$ は帰還インピーダンスを通して，オペアンプの出力端子の偏差信号 V_c に変換され，これが電流制御ループ（内側）に対する基準電流値 $I_{con}(=V_c/R_i)$ になる。

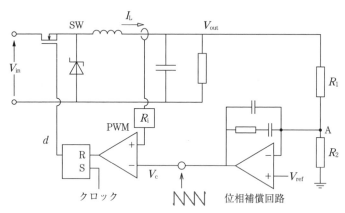

図 10.8 Type-2 のループ補償回路を備えた電流モード制御降圧コンバータ回路

図 10.8 において，RS フリップフロップの入力クロック信号の立ち上がりでパワー MOS 素子が導通状態になると，コイル電流 I_L は勾配 $(V_{in} - V_{out})/L$ で時間 t とともに直線的に増加する。図 10.9 のようにコイル電流 I_L が基準制御

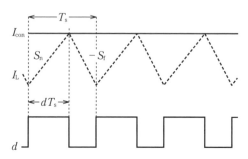

図 10.9 基準電流信号 I_{con}（実線）とコイル電流 I_L（破線）とを比較して得られる PWM 信号 d（下図）。

電流 $I_{con}(=V_c/R_i)$ に達すると，フリップフロップのリセット端子 R を通してパワー MOS 素子が遮断される。この後，コイル電流 I_L は負の印加電圧 $-V_{out}$ により勾配 V_{out}/L で減少に転じる（$V_F=0$ を仮定）結果，定常状態のコイル電流 I_L は図 10.9 の三角形（破線）の繰り返し波形になる（周期 T_s のクロックパルスに同期してスイッチ・オンが繰り返される）。

この方式では，インダクタ電流が常時計測されているため，サイクルごとに出力端子の短絡や過負荷状態を検知できる。トランスを含む絶縁型コンバータ（フライバックやフォワードコンバータ）の場合は，磁性体コアの磁気飽和によるトランス電流の急増時に電流を遮断することもできる。

一方，電流モード制御の短所は，パワー素子のスイッチングの過渡現象によるスイッチングノイズの影響を受けやすいことである。スイッチがオンになった瞬間，基準となる電圧 V_c より大きな電圧のオーバーシュートがあると誤動作するので，回路のレイアウトやバイパスコンデンサへの配慮が大切である。

（1） スロープ補償

ピーク電流モード（peak current mode: PCM）制御では，フィードバックすべき平均電流の代わりにピーク電流値を帰還するため，その誤差によってデューティ比 $d>0.5$ では動作が不安定になる。

実際，**図 10.10**（a）のように $t=0$ でインダクタ電流 I_L に重畳した微小ノイズ電流変動 $\hat{i}_L$（矢印）は $d<0.5$ では I_L の折り返しごとに減少していくが，$d>0.5$（図 10.10（b））では時間の経過とともにノイズ $\hat{i}_L$ の影響は増大していく。この偏差拡大を回避する方法がスロープ補償である。

図 10.10 の電流 I_L の折り返し付近の拡大図を**図 10.11** に示す。

コイル電流 I_L に重畳した微小ノイズ電流 $\hat{i}_L$ の折り返し前後の値は，辺 $\hat{d}T_s$ を共通にする直角三角形の高さ（図 10.11 の矢印の間隔）から式（10.17）が成り立つ。S_n, S_f はコイル電流 I_L の勾配，$[k]$ は k 番目のサイクルを示している。

$$\hat{i}_L[k] = S_n\hat{d}T_s \qquad \hat{i}_L[k+1] = S_f\hat{d}T_s \tag{10.17}$$

定常状態では，繰り返し波形の上りと下りの振幅が等しい（$S_f(1-d) = S_nd$）ので式（10.18）が得られる。

170   10. 電流モード制御

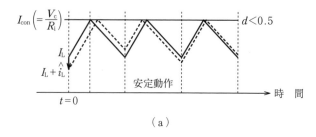

(a)

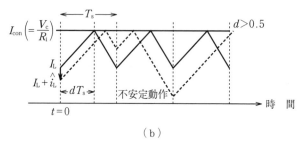

(b)

図 10.10 ピーク電流モード制御法における不安定動作（$d>0.5$ 以下）

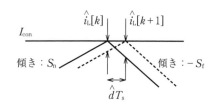

図 10.11 コイル電流の折り返し付近（図 10.10）の拡大図（$\hat{i}_L[k]$, $\hat{i}_L[k+1]$ は折り返し前後のコイル電流の誤差である）

$$\frac{\hat{i}_L[k+1]}{\hat{i}_L[k]} = \frac{S_f}{S_n} = \frac{d}{1-d} \tag{10.18}$$

式 (10.18) より，$S_f>S_n$ すなわち $d>0.5$ では，折り返しのたびにコイル電流の誤差 $\hat{i}_L$ が増大し，ピーク電流モード制御は破綻する。

実際の回路では，ピーク電流モード制御の破綻を避けるため「スロープ補償」をする。これは，図 10.12（a）の破線のようにデューティ比 d の立ち上がりに合わせて基準電流 I_{con} を勾配 S_e で傾斜させる方法である。この方法では，微小電流 $\hat{i}_L$ の折り返し前後の値は図 10.12（b）の破線矢印と実線矢印の長さに対応し，式 (10.19) が成り立つ。

$$\hat{i}_L[k] = (S_n+S_e)\hat{d}T_s \qquad \hat{i}_L[k+1] = (S_f-S_e)\hat{d}T_s \tag{10.19}$$

10.4 電流モード制御の回路方式   171

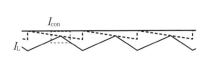
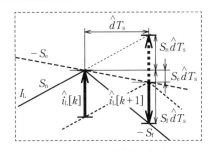

(a) スロープ補償の概念図　　　(b) 図(a)の破線枠の拡大図

図 10.12 $\hat{i}_L[k]$, $\hat{i}_L[k+1]$ はスロープ補償法における折り返し前後の誤差電流

定常状態の $S_f(1-d) = S_n d$ を考慮すれば，収束条件は式 (10.20) となる．

$$\frac{\hat{i}_L[k+1]}{\hat{i}_L[k]} = \frac{S_f - S_e}{S_n + S_e} < 1 \quad \rightarrow \quad \frac{S_e}{S_f} > 1 - \frac{1}{2d} \tag{10.20}$$

すなわち，$S_e > S_f/2$ であればデューティ比 d に関係なく誤差は収束していく．

このスロープ補償を含めた PWM の利得 F_m は式 (10.21) となる．詳しい導出方法は例題 10.3 を参照されたい．

$$F_m = \frac{2}{(S_n - S_f + 2S_e)T_s} \tag{10.21}$$

広い入出力電圧範囲で動作する市販のピーク電流モード制御コンバータでは，すべての動作点で電流ループの安定性を保証するため，最悪のケースを想定してスロープ補償をする結果，過剰に小さく設定した F_m によって制御性能が低下する．

例題 10.3

スロープ補償を考慮した PWM 利得 F_m が次式で表されることを示しなさい．

$$F_m^* \left(= \frac{\hat{d}}{\hat{i}_{con} - \hat{i}_{L,off}} \right) = \frac{2}{(S_n - S_f + 2S_e)T_s}$$

【解答】

定常状態では $S_n D T_s = S_f(1-D)T_s$ より

$$D = \frac{S_f}{S_n + S_f} \tag{1}$$

$$\bar{I}_{L,\text{off}} = I_{\text{con}} - S_e dT_s - \frac{1}{2}S_f(1-d)T_s = I_{\text{con}} - S_e dT_s - \frac{1}{2}(S_n+S_f)d(1-d)T_s$$

$d = D + \hat{d}$ として上式を変形すると

$$I_{\text{con}} + \hat{i}_{\text{con}} - (\bar{I}_{L,\text{off}} + \hat{i}_{L,\text{eff}}) = S_e(D+\hat{d})T_s + \frac{1}{2}(S_n+S_f)(D+\hat{d})(1-D-\hat{d})T_s$$

微小なデューティ変動量 $\hat{d}$ の 2 乗項を省略して,$\hat{d}$ に関する一次項を整理すると次式が得られる。

$$\hat{i}_{\text{con}} - \hat{i}_{L,\text{off}} = \left(S_e T_s + \frac{1}{2}(S_n+S_f)T_s(1-2D)\right)\hat{d}$$

上式に式 (1) の $D = S_f/(S_n+S_f)$ を代入して整理すると式 (2) が得られる。

$$F_m{}^* \left(= \frac{\hat{d}}{\hat{i}_{\text{con}} - \hat{i}_{L,\text{off}}} \right) = \frac{2}{(S_n - S_f + 2S_e)T_s} \tag{2}$$

■

(2) サブハーモニック発振現象

CCM のピーク電流モード制御 ($d>0.5$) では,図 10.8 の SW ノードの電圧波形(幅の異なるパルスの組み合わせ)が周期 $2T_s$ で繰り返すサブハーモニック発振現象(**図 10.13**)が認められる。

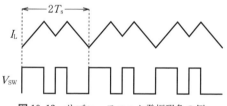

図 10.13 サブハーモニック発振現象の例
(T_s:スイッチング周期)

以下に,サブハーモニック発振を発現する電流モード制御の伝達関数を導出する。

ピーク電流モード制御には,インダクタ電流 I_L が基準電流値 I_{con} に達した瞬間にスイッチを切る一種のサンプリング操作(ゼロ次ホールド(zero-order hold:ZOH))が含まれている。ここでは,Ridley が発表した ZOH の影響を組み込んだピーク電流モード制御モデルを説明する。

ZOH のサンプリング遅延 $H_e(s)$ を図 10.3 の電流ループに組み込んだブロッ

10.4 電流モード制御の回路方式

ク線図を**図10.14**に示す。導出過程の詳細は省略するが，無駄時間遅れを考慮したZOHのラプラス変換 $\left(\dfrac{1-e^{-sT_s}}{s}\right)$ を用いると，補正項 $H_e(s)$ は式 (10.22) で表される。

$$H_e(s) = \frac{sT_s}{e^{sT_s}-1} \tag{10.22}$$

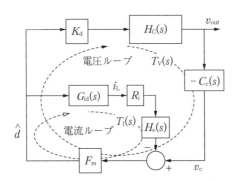

図10.14 電流サンプリングのZOH遅延 $H_e(s)$ を考慮した電流モード制御のブロック線図

この結果，図10.14の閉ループ電流経路を含むブロック線図の開ループ伝達関数は式 (10.23) となる。式 (10.23) の導出の過程では，式 (10.22) の指数関数項をPadé近似 $\left(e^x \fallingdotseq \dfrac{1+\dfrac{x}{2}+\dfrac{x^2}{9}}{1-\dfrac{x}{2}+\dfrac{x^2}{9}}\right)$ を使用した。

$$G_{vc}^*(s)\left(=\frac{v_{out}}{v_c}\right) = K \frac{\left(1-\dfrac{s}{\omega_{rhz}}\right)\left(1+\dfrac{s}{\omega_{esr}}\right)}{\left(1+\dfrac{s}{\omega_p}\right)\left(1+\dfrac{s}{Q_p\omega_h}+\dfrac{s^2}{\omega_h^2}\right)} \tag{10.23}$$

$$Q_p = \frac{1}{\pi[m(1-D)-0.5]} \qquad \omega_{esr} = \frac{1}{C_{out}r_{esr}} \qquad m = 1+\frac{S_e}{S_n} \qquad \omega_h = \frac{\omega_s}{2}$$

r_{esr} は出力コンデンサの実効的な直列抵抗，ω_s はスイッチング角周波数である。

表10.2に示すように，ω_p，ω_{rhz} はコンバータの種類によって違っている。

10. 電流モード制御

表10.2 各種コンバータの伝達関数 $G_{vc}{}^*(s)$ の極 ω_p と正の零 ω_{rhz}

	ω_p	ω_{rhz}
降 圧	$\dfrac{1}{C_{out}R_{load}} + \dfrac{T_s}{LC_{out}}(m(1-D)-0.5)$	∞
昇 圧	$\dfrac{2}{C_{out}R_{load}} + \dfrac{T_s(1-D)^3}{LC_{out}}(m-0.5)$	$\dfrac{R_{load}(1-D)^2}{L}$
極性反転	$\dfrac{1+D}{C_{out}R_{load}} + \dfrac{T_s(1-D)^3}{LC_{out}}(m-0.5)$	$\dfrac{R_{load}(1-D)^2}{LD}$

サンプリング効果を組み込んだ伝達関数 $G_{vc}{}^*(s)$ に含まれる角周波数付近 ω_h $(=\omega_s/2)$ の極大値が 0 dB を超えると，サブハーモニック発振が起こる。

高周波領域（$\omega > \omega_c$）における周波数特性（**図10.15**）は図10.7の特性と大きく違っているが，その利得は $C_c(s)$ のパラメータ K_v で調整可能である。すなわち，クロスオーバー角周波数 ω_c を調整して，極 ω_h における利得のピークが ω_c 以上の帯域で再び 0 dB 軸と交差しないように Q_p を調整する。具体的には，スロープ補償（m値の変更）をして 0 dB 軸との交差を回避するのが効果的である。

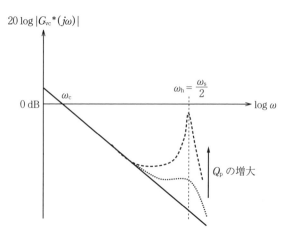

図10.15 サンプリング遅延 $H_e(s)$ を考慮した開ループ伝達関数 $G_{vc}{}^*(j\omega)$ の周波数特性（スロープ補償なし（$S_e=0$））

10.4 電流モード制御の回路方式 *175*

例題 10.4

スロープ補償のないピーク電流モード制御において，$D>0.5$ ではシステム動作が不安定になることを式 (10.23) の Q_p を使って証明しなさい。

【解答】

スロープ補償がなければ，式 (1) となる。

$$Q_p = \frac{1}{\pi(0.5-D)} \qquad \because \quad m=1 \tag{1}$$

式 (10.23) の分母の二次関数に対して，根の公式を用いると極は式 (2) となる。

$$極：s = \frac{-\dfrac{\omega_h}{Q_p} \pm \omega_h \sqrt{\left(\dfrac{1}{Q_p}\right)^2 - 4}}{2} \tag{2}$$

式 (1) より，$D>0.5$ では Q_p の値は負であり，式 (2) の極は複素数平面の右側にある。「ナイキストの安定判別法」より，システム動作は不安定になることがわかる。 ∎

（3） インダクタ電流の計測

電流モード制御ではインダクタ電流の正確な計測が重要である。コンバータで使用されている代表的な電流計測の例を**図 10.16**（a）～（c）に示す。図 10.16（a）のインダクタ（コイル）の直流抵抗 r_L に流れる電流 I_L によるコンデンサ電圧 $V_m(s)$ は式 (10.24) となる。

$$V_m(s) = \frac{\dfrac{1}{sC}}{R + \dfrac{1}{sC}}(sL + r_L)I_L(s) = \frac{r_L + sL}{1 + sCR}I_L(s) \tag{10.24}$$

この回路では，時定数 $L/r_L = CR$ として極と零を相殺すれば，式 (10.25) のようにコンデンサの両端にはインダクタ電流波形に比例する電位 V_m が現れる。それを高入力インピーダンスのオペアンプで計測する。

$$V_m(s) = r_L I_L(s) \tag{10.25}$$

コイルの直流抵抗 r_L は製品ごとにばらつきがあり，しかも動作温度にも依存するので，計測した電流値には 10% 程度の誤差がある。

図 10.16（b）は，パワー半導体スイッチ（MOS 素子）に流れるコイル電流

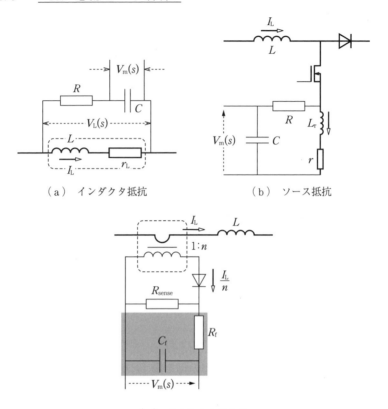

(c) カレントトランス

図 10.16 コイル電流 I_L の測定法（細線は電流計測回路を表している）

をソースに取り付けた抵抗 r で計測する方法である．回路的には図 10.16（a）と同じである．図 10.16（a）と同様，抵抗 r の寄生インダクタンス L_r を考慮して $L_r/r = CR$（極と零の相殺）が電流計測の前提条件になる．

図 10.16（c）は，カレントトランスを使ってインダクタ電流を計測する回路である．インダクタ電流の $1/n$ 倍（n：巻線数比）の電流が整流ダイオード経由で R_{sense} に流れ，その電圧を低域通過フィルタ（$R_f C_f$）を通して計測する．$R_{sense} \ll R_f$，$R_f C_f \fallingdotseq 2T_s \sim 5T_s$ にすれば，インダクタの平均電流に相当する電流が計測される．この方式は，電磁誘導が生じない直流電流の測定には使えない．交流電流に特化した計測法である．

10.4 電流モード制御の回路方式

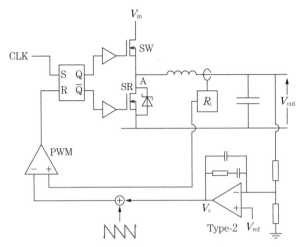

図 10.17 Type-2 のループ補償回路を用いたピーク電流モード制御降圧コンバータ回路（同期整流（synchronous rectifier: SR）方式）

電流モード制御方式の降圧コンバータ回路の例を**図 10.17** に示す。

この電流モード制御方式では，インダクタ電流 I_L の計測時の ① 信号の遅延，② スパイク状のノイズ発生，などが問題となる。① に関しては，インダクタ電流の測定に図 10.16（a）や（b）の方式を採用すると，計測オペアンプによる遅延が無視できない。② については，ハイサイドのパワースイッチがオンになる瞬間にノード A の電圧が急変して**図 10.18** のように電流スパイクやリンギングが発生する。このスパイクノイズにより，論理ゲートが誤って作動する可能性がある。解決策としては，計測した電流にブランキングをかける（図

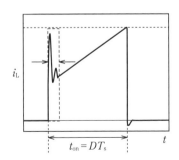

図 10.18 パワースイッチ切り替え後のコイル電流の計測例

10.18 の破線枠を除外する）方法もある．この方式は，パワー素子のオン時間 t_on をブランキング時間以下にはできないため，大きな降圧比のコンバータには使えない．例えば，36 V の入力電圧 V_in を 1.2 V の出力電圧 V_out に変換する降圧コンバータではデューティ比 $D = 1/30$ になるが，ブランキングを組み込むとこのような大きな降圧比の実現は難しい．

10.4.2　平均電流モード制御回路

本来，電流モード制御は平均コイル電流値のフィードバックを前提に組み立てられた制御法である．その平均電流モード制御回路を図 10.19 に示す．この回路では，電圧誤差アンプ（VA）の出力が接続された電流検出アンプ（CA）を介してインダクタ電流（内側ループ）と出力電圧（外側ループ）による二重ループ制御が行われる．この平均電流モード制御は高ノイズ耐性，高効率，高安定性が特長である．

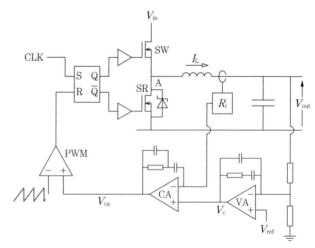

図 10.19　平均電流モード制御の降圧コンバータの回路図

平均電流モード制御では，計測した電流信号と基準インダクタ電流（VA の出力）の差に応じた誤差信号を CA で生成する．続いて，平均化された CA 出力（インダクタ電流）とスイッチング周波数で発振するランプ波形とを PWM

で比較し,CA の出力が "Hi" になるとパワー MOS 素子を遮断する。そして,つぎのクロックの立ち上がりでパワー素子をオンにする。この制御法では,デューティ $d>0.5$ でもピーク電流制御で見られたサブハーモニック発振現象は起こらない。

平均電流モード制御回路(図 10.19)におけるインダクタ電流 I_L, 電流誤差アンプ CA の出力 V_{ca} ならびに三角波信号を**図 10.20** に示す。CA のループ補償回路の大きな低周波利得によって高周波成分が相対的に抑圧され,図 10.20(b)の破線で示すように,出力信号 V_{ca} はゆるやかに変化する。反転積分器 CA の働きにより,インダクタ電流が増加する時間帯では出力 V_{ca} は減少する。

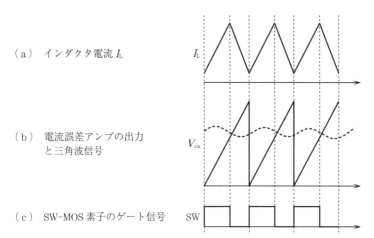

図 10.20 平均電流モード制御回路(図 10.19)における各種信号波形

CA のループ補償回路(Type-2)の高周波領域の零 ω_z は $T_1(j\omega)$ のクロスオーバー角周波数 ω_{ci} を高周波側に移動させて過渡応答性を高め(図 8.2 (b) 参照),高周波領域の極 ω_p は計測信号に重畳するスイッチング周波数のリップルを除去する働きをする。

さらに,外ループの負帰還を通してインダクタの平均電流は電圧誤差アンプ VA で生成される基準電流に追従する仕組みとなっている。

平均電流モード制御は,モード境界を越えて連続モード(CCM)から不連

180   10. 電流モード制御

続モード（DCM）に変化する場合でも，外側の電圧制御ループがこのモード
変更を認識しないままスムーズに移行する。

この平均電流制御方式では，出力負荷電流の急激な変化に対して，① 電圧
ループと ② 電流ループにおける遅延時間がその応答に影響する。① について
は，電圧誤差アンプ VA のループ補償回路（低域通過フィルタとしての機能）
による応答遅延である。② については，内部クロックをトリガーとしてパワー
MOS 素子のターンオン/オフ制御をする PWM（パルス幅変調器）で生じる遅
延である。すなわち，ハイサイド MOSFET がターンオフした直後に負荷電流
の急峻な増加があっても，つぎのクロックサイクルまでの間，パワー MOS 素
子はターンオンしないことによる。このように，平均電流制御（固定周波数に
基づく PWM）は上述した ① と ② の理由により，ピーク電流制御よりも過渡
応答が遅い。

市販の平均電流モード制御 IC の多くは，固定の人工三角波を用いて，すべ
ての動作条件，さまざまなインダクタンスや電流検出ゲイン値の下でコンバー
タの安定性を保証する（過剰補償の）ため，動的制御性能の低下は否めない。

なお，昇圧コンバータの平均電流モード制御は，比較的小さなインダクタを
用いて高調波歪みを低減できる特長を生かして，広いデューティ範囲で動作す
る力率改善回路 PFC（本シリーズ第 5 巻で説明している）で使われている。

例題 10.5

図 10.19 の電流誤差アンプ（CA）と電圧誤差アンプ（VA）の周囲のコンデ
ンサと抵抗の配置が異なっているが，$C_1 > C_2$ であれば双方とも Type-2 のルー
プ補償回路であることを示しなさい。

10.4 電流モード制御の回路方式

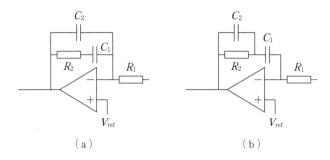

(a)　　　　　　　　　(b)

【解答】
　オペアンプの入出力端子間に配置されたコンデンサと抵抗のインピーダンスは，図（a）の回路で $\left(R_2+\dfrac{1}{j\omega C_1}\right) // \dfrac{1}{j\omega C_2}$，図（b）は $\dfrac{1}{j\omega C_1}+\left(R_2 // \dfrac{1}{j\omega C_2}\right)$ である．下図はそれぞれ（　）内のインピーダンスを実線で表したものである．図（a）は実線 $\left(R_2+\dfrac{1}{j\omega C_1}\right)$ と破線 $\left(\dfrac{1}{j\omega C_2}\right)$ のインピーダンスの並列接続，図（b）は実線 $\left(R_2 // \dfrac{1}{j\omega C_2}\right)$ と破線 $\left(\dfrac{1}{j\omega C_1}\right)$ の直列インピーダンスであることを考慮してそれらを合成すると，Type-2 のループ補償回路の周波数特性になる．すなわち，双方とも同じ周波数特性を示す回路である．

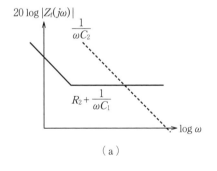

(a)

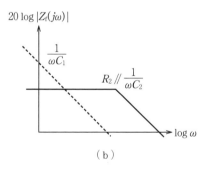

(b)

11. リップルベース制御

電圧モード制御や電流モード制御などのスイッチング電源は，プロセッサなどがスタンバイ状態からフル稼働状態に移るときに電流供給が追いつかない問題が 2010 年ごろから顕在化してきた。これらの電圧/電流モード制御方式に代わる高速制御法として，固定オンタイム制御やヒステリシス制御などの方式が脚光を浴びている。出力電圧を基準電圧と比較してスイッチング素子のオン・オフを決定するこれらの制御法は，制御信号の伝達遅延が小さく，電力供給先の瞬時の電力要請にも迅速に対応できる。しかも，PWM 方式の電圧/電流モード制御では必要なクロック発生回路，エラーアンプ，補償回路は不要で，使用部品も少ない。特に，スイッチング周波数が負荷電流に比例する不連続導通モード（DCM）では電力損失も少なく，電池駆動のスマートフォンやタブレットなどの電源として重宝されている。

11.1 コンスタントオンタイム制御

コンスタントオンタイム（constant-on-time: COT）方式の降圧コンバータ回路例を**図 11.1** に示す。パワー MOS 素子のオン時間を固定にするだけで，電圧モード制御や電流モード制御に比べて回路構造は簡単になる。

COT 制御では，出力端子からのフィードバック電圧 V_{fb} が参照電圧 V_{ref} 以下になるとコンパレータがパルス発生器を起動し，ハイサイドのパワー MOS 素子（M1）を一定時間オン（T_{on}）状態にする。このオン時間が経過するとパワー MOS 素子が遮断され，フィードバック電圧 V_{fb} が参照電圧 V_{ref} 以下になるまでこの遮断状態が続く。また，COT 制御回路では，オフ時間の下限 $T_{\mathrm{off,\,min}}$ が設定されている。

11.1 コンスタントオンタイム制御

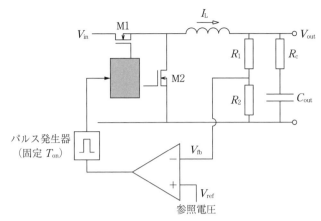

図 11.1 コンスタントオンタイム (COT) 制御に基づく降圧コンバータ回路

定常時の連続導通モード (CCM) ではスイッチング周波数はほぼ一定であるが,より多くの出力電流が必要な過渡期には,出力電圧のアンダーシュートが生じないようパルス発生頻度が増える。出力電圧が所定の値に達すると,パルス発生頻度は減少して出力電圧が維持される。このように,COT 制御では,従来の電圧/電流モード制御よりも応答が速いことからアンダーシュートが小さく,電圧/電流モード制御のコンバータと比べて所定の負荷過渡応答を満たす出力コンデンサの容量を小さくできる。

不連続導通モード (DCM) 動作の COT 制御では,パルス発生頻度は出力負荷電流にほぼ比例する。軽負荷時にパルス発生回数が減る COT 制御は,スイッチングを繰り返す PWM 方式に比べてスイッチング損失が少ないが,COT 制御では避けられない出力電圧のリップルがコンバータ動作の不安定性を招く可能性がある。

図 11.2 に示すように,フィードバック電圧 V_{fb} (実線) が最初の固定オン時間 (T_{on}) 内に参照電圧 V_{ref} に達しなければ (矢印 A),最小オフ時間 ($T_{off,\,min}$) 経過後に 2 番目のパルス (固定オン時間) が発出されてパワー MOS 素子 M1 が再び導通する。この 2 番目の固定オン時間 (T_{on}) の間,矢印 B で示すように,$V_{fb} > V_{ref}$ であってもパワー素子 M1 は導通したままである。この連続パルスによる過剰な V_{fb} の上昇があると,その後は少し長めのオフ状態が続く。

184　11. リップルベース制御

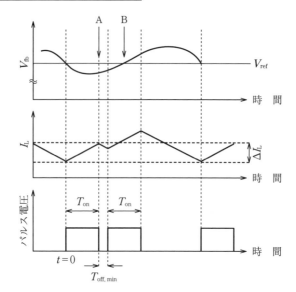

図 11.2 COT 制御方式におけるダブルパルス発生の様子

ダブルパルスの発生を抑えるには，式 (11.1) を満たす条件で回路設計をしなければならない（例題 11.1 参照）。

$$R_c C_{out} > \frac{T_{on}}{2} \tag{11.1}$$

図 11.1 の回路で観測される出力リップルは，出力コンデンサに接続した抵抗 R_c による電圧リップル Δv_R と出力コンデンサ C_{out} の充放電による電圧リップル Δv_C の和である。COT では，出力電圧リップルが制御にとって必須である。

最近，出力コンデンサに小型セラミックコンデンサを使用するケースが増えているが，低抵抗（ESR）のコンデンサを使用すると出力リップル電圧が非常に小さくなるので，コンデンサに抵抗 R_c を直列に追加して使用する。

例題 11.1

COT 制御において，ダブルパルスの発生を回避するためのオン時間 T_{on}，出力コンデンサの直列等価抵抗（ESR）R_c，出力コンデンサの静電容量 C_{out} の関係を明らかにしなさい。ただし，図 11.2 のように $V_{fb} = V_{ref}$ @ $t = 0$ とする。

【解答】

図 11.1 の降圧コンバータ回路の M1 がオンのときの $V_{\text{fb}}(t)$ は式 (1) で表される。

$$V_{\text{fb}}(t) = V_{\text{ref}} + \frac{R_2}{R_1 + R_2}\left[R_{\text{c}}\,\frac{V_{\text{in}} - V_{\text{out}}}{L}\,t + \frac{1}{C_{\text{out}}}\int_0^t\left(-\Delta I_{\text{L}} + \frac{V_{\text{in}} - V_{\text{out}}}{L}\,t\right)\mathrm{d}t\right] \quad (1)$$

インダクタ電流 I_{L} の勾配 $\dfrac{V_{\text{in}} - V_{\text{out}}}{L}$ を考慮すれば，$\Delta I_{\text{L}} = \dfrac{V_{\text{in}} - V_{\text{out}}}{L}\,T_{\text{on}}$ である。

$V_{\text{fb}}(T_{\text{on}}) - V_{\text{ref}} > 0$ であればダブルパルス問題は発生しない。すなわち

$$V_{\text{fb}}(T_{\text{on}}) - V_{\text{ref}} = \frac{R_2}{R_1 + R_2}\left[R_{\text{c}}\,\frac{V_{\text{in}} - V_{\text{out}}}{L}\,T_{\text{on}} - \frac{V_{\text{in}} - V_{\text{out}}}{L}\left(\frac{T_{\text{on}}^{\,2}}{C_{\text{out}}} - \frac{T_{\text{on}}^{\,2}}{2C_{\text{out}}}\right)\right] > 0 \quad (2)$$

これを整理すると式 (3) が得られる。

$$R_{\text{c}} C_{\text{out}} > \frac{T_{\text{on}}}{2} \tag{3}$$

■

11.1.1 リップル検出回路

COT 制御では，サイクルごとの出力電圧またはインダクタ電流のリップルをフィードバック信号にする。

出力コンデンサ C_{out} の直列抵抗 R_{c} が大きければリップル電圧の検出は容易であるが，コンバータ用電源としては電圧精度が悪化する。一方，小さなリップル電圧だとノイズによる誤動作が増えるため，リップル電圧と耐ノイズ性能の間にはトレードオフの関係にある。

以下では，フィードバックに使用する出力電圧やインダクタ電流のリップルを検出する回路を説明する。

（1） リップル電圧検出回路（第一種）

図 11.3（a）のフィードバック端子電圧 $V_{\text{fb}}(t)$ は，直流の出力電圧 V_{out} と出力電流 I_{out} を用いて式 (11.2) と表される。

$$V_{\text{fb}}(t) \fallingdotseq \frac{R_1}{R_1 + R_2}\left(V_{\text{out}} + R_{\text{c}}(I_{\text{L}}(t) - I_{\text{out}})\right) \tag{11.2}$$

フィードバックされる出力のリップル電圧は三角波形の $\dfrac{R_1}{R_1 + R_2}\,R_{\text{c}}(I_{\text{L}}(t) - I_{\text{out}})$ に含まれる。

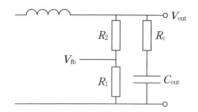 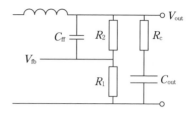

（a）リップル電圧検出回路（第一種）　　（b）リップル電圧検出回路（第二種）

図 11.3　第一種と第二種のリップル電圧検出回路

出力コンデンサ C_{out} に ESR の小さな導電性高分子電解コンデンサや積層セラミックコンデンサを使用する際には，あえて抵抗 R_c（1Ω 程度）を付加して出力リップル電圧を大きくする。

（2）リップル電圧検出回路（第二種）

図 11.3（a）の抵抗 R_2 に $C_{ff} \gg T_s/(R_1 // R_2)$ のコンデンサを並列接続した図（b）の例では，スイッチング周期 T_s（11.1.2 項参照）の間にコンデンサ C_{ff} が充放電できないため，フィードバック端子電圧は式（11.3）となる。

$$V_{fb}(t) \fallingdotseq \frac{R_1}{R_1+R_2} V_{out} + R_c(I_L(t) - I_{out}) \tag{11.3}$$

式（11.2）と比べて右辺第 2 項の電圧リップルが第一種の回路（図 11.3（a））より大きくなる。

（3）リップル電流検出回路（第三種）

出力コンデンサ C_{out} に ESR の小さな積層セラミックコンデンサを使用したリップル電流検出回路（第三種）を**図 11.4** に示す。これは，第一種，第二種の電圧リップル検出法に比べて出力電圧のリップルを抑えられる回路である。

図 11.4 において $R_x C_x = L/r_L$ とすれば，インダクタ電流に比例する三角波形の電圧リップルがコンデンサ C_x に発生する（詳細は 10.4.1 項（3）参照）。

$$\Delta V_{Cx} = \frac{L}{C_x R_x} \Delta I_L \tag{11.4}$$

Δ 記号はピークツーピークのリップルを意味している。

C_x には温度依存性の小さな常誘電体（Class 2）コンデンサを使用する。I_L

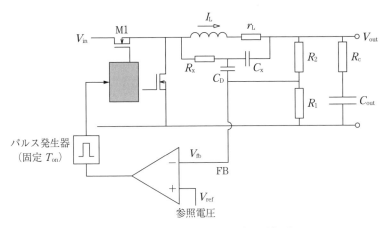

図 11.4 インダクタ電流 I_L のリップル検出回路（第三種）（r_L：インダクタの実効的な直流抵抗）

（DC 電流 + 三角波形のリップル電流）による電圧 V_{Cx} をフィードバック端子にフィードバックする際，V_{Cx} の直流成分は C_D でブロックされて，リップル電流のみが取り出される。

C_D に流れる三角波形のリップル電流 ΔI_{CD} とそのリップル電圧 ΔV_{CD} の間には式 (11.5) の関連がある（例題 11.2 参照）。

$$\Delta V_{CD} = \frac{\Delta I_{CD} T_s}{8 C_D} \tag{11.5}$$

フィードバック端子のリップル電圧 ΔV_{fb} は，リップル電流 ΔI_{CD} と出力電圧 ΔV_{out} の重ね合わせを考慮して式 (11.6) が成り立つ。

$$\Delta V_{fb} = \Delta I_{CD}(R_1 // R_2) + \Delta V_{out} \frac{R_1}{R_1 + R_2} \tag{11.6}$$

また，キルヒホッフの電圧法則に従って式 (11.7) となる。

$$\Delta V_{fb} = \Delta V_{out} + \Delta V_{Cx} - \Delta V_{CD} \tag{11.7}$$

式 (11.7) より，$\Delta V_{CD} = \Delta V_{out}$ になるよう C_D を選べば $\Delta V_{fb} = \Delta V_{Cx}$ となる。これは，式 (11.4) より，FB 端子のリップル電圧 ΔV_{fb} がインダクタのリップル電流 ΔI_L に比例することを意味している。

$\Delta V_{fb} = \Delta V_{Cx}$ となる C_D 値は式 (11.8) で表される（例題 11.3 参照）。

$$C_\mathrm{D} \fallingdotseq \frac{LC_\mathrm{out}}{(R_1//R_2)R_\mathrm{x}C_\mathrm{x}} \tag{11.8}$$

例題 11.2

三角波形の電流のピークツーピーク値が ΔI であるとき，コンデンサ容量 C に現れるピークツーピーク電圧 ΔV が $\Delta I T_\mathrm{s}/8C$ となることを示しなさい．

【解答】

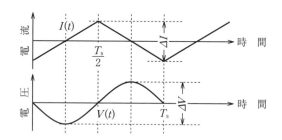

$I(t)$ の勾配が $2\Delta I/T_\mathrm{s}$ であることを考慮すると

$$\frac{\Delta V}{2} = -\frac{1}{C}\int_0^{T_\mathrm{s}/4} I(t)\mathrm{d}t = -\frac{1}{C}\frac{2\Delta I}{T_\mathrm{s}}\int_0^{T_\mathrm{s}/4}\left(t-\frac{T_\mathrm{s}}{4}\right)\mathrm{d}t$$

$$= -\frac{2\Delta I}{CT_\mathrm{s}}\left[\frac{1}{2}t^2 - \frac{T_\mathrm{s}}{4}t\right]_0^{T_\mathrm{s}/4} = \frac{\Delta I}{CT_\mathrm{s}}\frac{T_\mathrm{s}^2}{16}$$

$$\therefore \quad \Delta V = \frac{\Delta I T_\mathrm{s}}{8C}$$

■

例題 11.3

図 11.4 のリップル検出回路において，フィードバック（FB）端子に三角波形を与える適切な C_D が $C_\mathrm{D} \fallingdotseq \dfrac{LC_\mathrm{out}}{(R_1//R_2)R_\mathrm{x}C_\mathrm{x}}$ となることを示しなさい．ただし，時定数 $C_\mathrm{D}(R_1//R_2) \gg T_\mathrm{s}$，$\Delta V_\mathrm{CD} = \Delta V_\mathrm{out}$ とする．

【解答】

$\Delta V_{\mathrm{Cx}} = \dfrac{\Delta I_{\mathrm{L}} L}{C_{\mathrm{x}} R_{\mathrm{x}}}, \quad \Delta V_{\mathrm{out}} = \dfrac{\Delta I_{\mathrm{L}}}{8 C_{\mathrm{D}} f_{\mathrm{s}}}, \quad \Delta V_{\mathrm{fb}} = \Delta V_{\mathrm{Cx}}$ の式から ΔI_{L} と ΔV_{Cx} を消去すると

$$\Delta V_{\mathrm{fb}} = \frac{8 C_{\mathrm{out}} f_{\mathrm{s}} L}{C_{\mathrm{x}} R_{\mathrm{x}}} \Delta V_{\mathrm{out}} \tag{1}$$

$$\Delta V_{\mathrm{CD}} = \frac{\Delta I_{\mathrm{CD}}}{8 C_{\mathrm{D}} f_{\mathrm{s}}} \tag{2}$$

式 (1) と式 (2) を式 (11.6) の $\Delta V_{\mathrm{fb}} = \Delta I_{\mathrm{CD}}(R_1 /\!/ R_2) + \Delta V_{\mathrm{out}} \dfrac{R_1}{R_1 + R_2}$ に代入して，$\Delta V_{\mathrm{CD}} = \Delta V_{\mathrm{out}}$ を用いて整理すると式 (3) となる。

$$\frac{C_{\mathrm{out}} L}{C_{\mathrm{x}} R_{\mathrm{x}}} = C_{\mathrm{D}}(R_1 /\!/ R_2) + \frac{1}{8 f_{\mathrm{s}}} \frac{R_1}{R_1 + R_2} \fallingdotseq C_{\mathrm{D}}(R_1 /\!/ R_2) \tag{3}$$

式 (3) の右端の近似は，スイッチング周期 T_{s} が時定数 $C_{\mathrm{D}}(R_1 /\!/ R_2)$ より十分小さいときに成り立つ。

$$\therefore \quad C_{\mathrm{D}} \fallingdotseq \frac{L C_{\mathrm{out}}}{(R_1 /\!/ R_2) R_{\mathrm{x}} C_{\mathrm{x}}}$$

11.1.2 スイッチング周波数

COT 方式では，出力リップル電圧が下限値に達するとスイッチング素子がオンになり，所定のオン時間 T_{on} が経過するとスイッチング素子は自動的に切断される。**図 11.5** の T_{on} 発生回路では，入力電圧 V_{in} に比例する電流源 I_{T} で充電した容量 C_{TON} の電圧がしきい値 V_{TH} に達した時点でコンパレータ出力を Hi にして T_{off} 遅延回路を駆動する。このとき，オン時間 T_{on} は式 (11.9) となる。

$$T_{\mathrm{on}} = \frac{V_{\mathrm{TH}} C_{\mathrm{TON}}}{I_{\mathrm{T}}} = \frac{V_{\mathrm{TH}} C_{\mathrm{TON}}}{G V_{\mathrm{in}}} \tag{11.9}$$

式 (6.5) と式 (11.9) より，降圧コンバータのスイッチング周波数 f_{s} は式 (11.10) で表される。

$$D\left(= \frac{T_{\mathrm{on}}}{T_{\mathrm{s}}} = T_{\mathrm{on}} f_{\mathrm{s}}\right) = \frac{V_{\mathrm{out}}}{V_{\mathrm{in}}} \quad \rightarrow \quad f_{\mathrm{s}} = \frac{V_{\mathrm{out}}}{T_{\mathrm{on}} V_{\mathrm{in}}} \tag{11.10}$$

式 (11.9) と式 (11.10) より，定常動作時のスイッチング周波数 f_{s} は入力電圧 V_{in} が変動してもほぼ一定であることがわかる。

11. リップルベース制御

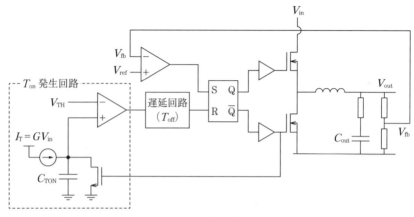

図 11.5 コンスタントオンタイム (COT) 制御の降圧コンバータ回路

表 11.1 に示すように，DCM では，降圧コンバータ，昇圧コンバータともにスイッチング周波数が出力電流 I_out に比例するため，軽負荷時の電力変換効率は PWM 方式よりも優れている．反面，スイッチング周波数の変動によるノイズ除去が難しい．

表 11.1 降圧および昇圧コンバータの動作周波数 f_s

	降圧コンバータ	昇圧コンバータ
CCM	$\dfrac{V_\text{out}}{V_\text{in} T_\text{on}}$	$\dfrac{V_\text{out} - V_\text{in}}{V_\text{out} T_\text{on}}$
DCM	$\dfrac{2L I_\text{out} V_\text{out}}{(V_\text{in} - V_\text{out}) T_\text{on}^2 V_\text{in}}$	$\dfrac{2L I_\text{out}(V_\text{out} - V_\text{in})}{V_\text{in}^2 T_\text{on}^2}$

まとめると，COT 制御法は制御ループ設計が容易，高速過渡応答（広帯域），軽負荷での高効率などの利点はあるが，出力電圧のリップル発生は避けられない．

例題 11.4

COT 制御（オン時間 T_on）において，DCM の降圧コンバータの動作周波数 f_s を求めなさい．インダクタンス L，出力電流 I_out，入力電圧 V_in，出力電圧 V_out とする．

【解答】
オン時間 T_{on} の間に入力電源からコイルに供給される電力 p_{in} は1サイクル当り式(1)となる。

$$p_{in} = \bar{I}_L V_{in} T_{on} = \frac{1}{2} \frac{V_{in} - V_{out}}{L} T_{on} V_{in} T_{on} \tag{1}$$

式 (1) の動作周波数倍が式 (2) の入力電力である。これが出力電力 $P_{out} = I_{out} V_{out}$ に等しいことから式 (3) が得られる。

$$P_{in} = p_{in} f_s = \frac{1}{2} \frac{V_{in} - V_{out}}{L} T_{on}^{\ 2} V_{in} f_s \tag{2}$$

$$\therefore \quad f_s = \frac{2 L I_{out} V_{out}}{(V_{in} - V_{out}) T_{on}^{\ 2} V_{in}} \tag{3}$$

∎

11.2 ヒステリシス制御

リップルをベースにした制御には，COT 制御以外にもヒステリシス制御がよく使われている。

フィードバック経路にヒステリシス・コンパレータ（本シリーズ第1巻9.3.3項で説明している）を用いたヒステリシス制御の降圧コンバータ回路を**図**

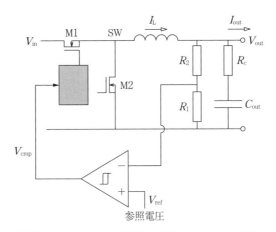

図 11.6 ヒステリシス制御による降圧コンバータ回路

11.6 に示す。

ヒステリシス制御では，出力電圧 V_{out} が設定した下限値 $V_{ref} - (V_h/2)$ 以下になるとパワー MOS 素子 M1 をオンにして，出力側に供給する電流を増やす（V_h：ヒステリシス電圧）。その後，出力電圧が上昇して上限値 $V_{ref} + (V_h/2)$ を超えると M1 を遮断する。この単純な動作を繰り返して，出力電圧を基準電圧付近の範囲に維持する制御法である。

9章，10章で説明した PWM 制御法と異なり，ヒステリシスモード制御にはループ補償回路がないため，回路構造が単純で過渡応答時間（ヒステリシス・コンパレータと駆動回路の遅延）も短い。

11.2.1 基 本 動 作

図 11.6 のヒステリシス降圧コンバータでは，パワー MOS 素子 M1 がオンになるとインダクタ電流 I_L が増加して，出力電圧 V_{out} が漸増する。出力コンデンサを理想コンデンサ C_{out} と実効的な直列抵抗 R_c でモデル化すると，連続伝導モード（CCM）の出力リップル電圧は，直列抵抗 R_c による抵抗性リップルと容量性リップルの和となる（式 (11.11)）。$i_L(t) = I_L(t) - I_{out}$ である。

$$v_{out}(t) = R_c i_L(t) + \frac{1}{C_{out}} \int_0^t i_L(t) \mathrm{d}t \tag{11.11}$$

定常状態ではそれぞれ**図 11.7**（b），（c）の波形となる。

出力コンデンサに等価直列抵抗（ESR）の小さな積層セラミックコンデンサを使用すると抵抗性リップル電圧は小さくなるため，実回路では積層セラミックコンデンサに抵抗 R_c を直列に接続する。

抵抗性のリップル電圧によるヒスリシス制御は，$R_c I_L(t)$ がリップル電流に対応していることから電流モード制御（単極性の伝達関数）と等価になり，出力電圧を負帰還した場合でもコンバータは安定に動作する。

以下では，抵抗性リップル電圧 > 容量性リップル電圧の条件下での動作を説明する。

11.2 ヒステリシス制御

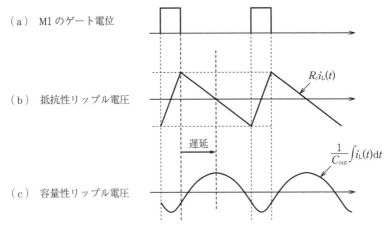

図11.7 ヒステリシスコンバータの出力における抵抗性および容量性のリップル電圧

図11.8に示すように，フィードバック電圧 V_{fb} がヒステリシスコンパレータの上限値 $V_{ref}+(V_h/2)$ を超えると，コンパレータ出力 V_{cmp} が "Low" になって MOS 素子 M1 が遮断する．その後，出力電流 I_{out} による電荷流出によって V_{out} が徐々に低下し，V_{fb} がコンパレータの下限値 $V_{ref}-(V_h/2)$ 以下になると，コンパレータの出力が "High" に切り替わって M1 が導通する．

$V_{ref} \gg V_h$（ヒステリシス電圧）であれば，直流電圧 V_{out} に小さな抵抗性リップル電圧が重畳した出力電圧になる．

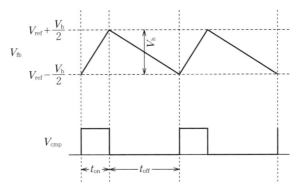

図11.8 抵抗性リップル電圧によるフィードバック電圧 V_{fb} とコンパレータの出力 V_{cmp}

ヒステリシス制御の場合，**図11.9**に示すように，出力負荷電流 I_{out} が低下するとパルス頻度が減って CCM から DCM 動作にスムースに移行する。このとき，無駄なスイッチング頻度が減って，電力消費は PWM 制御コンバータに比べて大きく改善する。

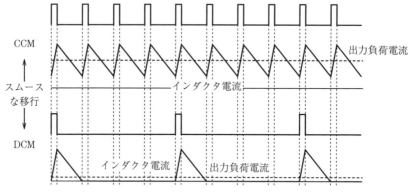

図 11.9 CCM と DCM におけるインダクタ電流波形（破線は出力負荷電流）

11.2.2 スイッチング動作周波数

ヒステリシス制御の降圧コンバータの定常状態でのスイッチング周波数 f_s は以下の手順で求められる。

CCM 動作では，出力 DC 電流 I_{out} とインダクタ電流 I_L（三角波形）の差が抵抗性リップル電圧になることから，パワー MOS 素子がオンの時間 t_{on} とオフの時間 t_{off} におけるヒステリシス電圧 V_h は式 (11.12) で表される。

$$\frac{V_{\text{in}} - V_{\text{out}}}{L} t_{\text{on}} R_c = \frac{V_{\text{out}}}{L} t_{\text{off}} R_c = V_h \tag{11.12}$$

式 (11.12) より式 (11.13) のスイッチング周波数 f_s が得られる。

$$f_s = \frac{1}{t_{\text{on}} + t_{\text{off}}} = \frac{R_c}{L} \frac{(V_{\text{in}} - V_{\text{out}}) V_{\text{out}}}{V_h V_{\text{in}}} \tag{11.13}$$

さらに，コンパレータの出力判定（V_{cmp}）からスイッチのオン/オフを切り替えるまでの遅延時間 δt_{off}，δt_{on} を考慮した正確な取り扱いをすると，実効的なヒステリシス電圧 V_h^*（**図11.10**）は式 (11.14) となる。これを式 (11.13)

11.2 ヒステリシス制御

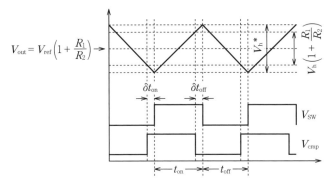

図11.10 ヒステリシス制御降圧コンバータ（図11.6）の V_{out}, V_{cmp}, スイッチングノードの電位 V_{SW} の変動の様子

の V_{h} と入れ換えると，遅延時間を考慮した場合のスイッチング周波数が得られる．

$$V_{\mathrm{h}}^{*} = V_{\mathrm{h}}\left(1+\frac{R_1}{R_2}\right) + \frac{V_{\mathrm{in}}-V_{\mathrm{out}}}{L}\delta t_{\mathrm{off}} R_{\mathrm{c}} + \frac{V_{\mathrm{out}}}{L}\delta t_{\mathrm{on}} R_{\mathrm{c}} \tag{11.14}$$

右辺第 1 項は分圧抵抗 R_1, R_2（図 11.6）による出力電圧換算のヒステリシス電圧である．

このように，遅延時間 δt_{off}, δt_{on} を考慮すると，式 (11.13) のスイッチング周波数 f_{s} はインダクタ L や出力コンデンサ抵抗 R_{c}，ヒステリシス窓電圧 V_{h}，入力電圧 V_{in}，出力電圧 V_{out}，遅延時間 δt_{off}, δt_{on} などの関数となる．

特に，スイッチング周波数の高い最近のスイッチング電源では δt_{off}, δt_{on} による影響がますます大きくなっている．

クロック信号を使用しないヒステリシス制御では，入力電圧の変動などでスイッチング周波数が大きく影響されるため，CCM 動作においても EMI 防止用フィルタの設計が課題となる．

軽負荷時には，DCM に移行するヒステリシス制御コンバータの特徴として，負荷電流とともに DC 出力電圧がわずかに増加する傾向が見られる（負の等価出力抵抗）．この動作の理由は，負荷電流が小さいほど出力電圧がヒステリシスの下限近くにとどまりやすく，平均出力電圧が低くなるからである．

出力コンデンサの時定数（$R_{\mathrm{c}}C_{\mathrm{out}}$）がスイッチング周期 T_{s} 以上であれば，

入力電源変動や負荷電流変動に対する過渡応答性はよいが，時定数が小さいと入力電圧の変動に対して出力電圧がシフトしたり，ステップ的な負荷電流の変動によってリンギングが生じたりする。この状況は，COT制御でダブルパルス発生の条件である式 (11.1) と似ている。

なお，電圧モードのヒステリシス制御は昇圧や極性反転コンバータには使用できない。これは，入力と出力のエネルギーの流れ（電力）が分離している昇圧コンバータなどでは，オン時でも出力電圧は低下し続けてヒステリシス制御がうまく機能しないからである。この問題を克服する一つの選択肢が電流モードのヒステリシス制御 (11.2.3項 (2) 参照) である。

11.2.3 改良版ヒステリシス制御
（1） R_a-C_a 回路を付加したヒステリシス制御

図 11.6 のヒステリシス制御コンバータのスイッチング周波数 f_s が R_c に比例する（式 (11.13)）が，**図 11.11** の R_a-C_a 回路を付加した改良版ヒステリシス制御降圧コンバータでは，スイッチング周波数の R_c 依存性は解消する。

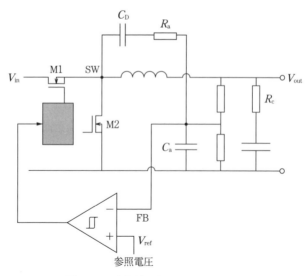

図 11.11 改良型の降圧コンバータ回路

パワー素子 M1 のオン/オフ動作に応じてスイッチングノード SW の電位が V_{in} と GND を繰り返すため，時定数 $C_D R_a > T_s$（スイッチング周期）であれば，R_a-C_a 回路は擬似三角波信号を生成する。この信号と出力電圧 V_{out} からの信号が加わるコンパレータ入力 FB において，前者の振幅が出力リップル ΔV_{out} より大きくなるよう調整すると，スイッチング周波数 f_s は式（11.15）のように $R_a C_a$ の値で律速される。

$$f_s^{-1} = T_s = \frac{V_{in} R_a C_a V_h}{V_{ref}(V_{in} - V_{ref})} + \delta t_D \left(2 + \frac{V_{ref}}{V_{in} - V_{ref}} + \frac{V_{in} - V_{ref}}{V_{ref}} \right) \qquad (11.15)$$

δt_D はコンパレータと駆動回路の遅延時間である。

スイッチング周波数が R_c に依存しないこの回路では，出力コンデンサ C_{out} として電解コンデンサ，セラミックコンデンサ，フィルムコンデンサなどの種類によらず優れた過渡応答特性が得られる。

（2） 電流モードのヒステリシス制御

ここまで説明してきた電圧モードのヒステリシス制御では，ヒステリシスの電圧の上限・下限を超える出力リップル電圧をなくすことはできない。あえてリップル電圧を抑えると，ノイズによるスイッチングのタイミングが大きく変動（ジッタの増大）し，スイッチング周波数は広い範囲で変化するので，電圧モードのヒステリシス制御にはスイッチング周波数の変動と出力リップル電圧との間にはトレードオフがある。

このトレードオフを解決する電流モードのヒステリシス制御の降圧コンバータ回路を**図 11.12** に示す。この回路では，出力リップル電圧の代わりにインダクタのリップル電流でパワースイッチのオン/オフを制御しており，インダクタが電流源として機能する。つまり，伝達関数は s に関する一次式（C_{out} による極のみが含まれる）になっており，ステップ的な負荷電流の変動によるリンギングも発生しない。一方で，図 11.12 の降圧コンバータ回路のインダクタ電流 I_L はグランドバウンスやスイッチングノイズによる影響を受けやすいことに注意しなければならない。

昇圧コンバータの電流モードのヒステリシス制御では，ローサイドパワー

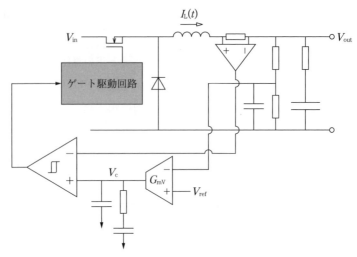

図 11.12 電流モードのヒステリシス制御

MOS 素子のソース抵抗でインダクタ電流を計測する方式（図 10.16（b）参照）が使えないので，インダクタに直列接続した抵抗で電流検出をする方式をとる．

11.3 リップルベース制御法のまとめ

リップルベース制御は高速応答性に優れるだけでなく，特に DCM では電力損失が大幅に低減できる長所がある．一方で，実用面では以下に示す重要な問題を抱えている．

（1） スイッチング周波数の変動：周波数は出力コンデンサの抵抗成分や入出力電圧など動作条件・使用部品に依存する．

（2） ジッターの回避が困難：出力電圧の振幅が小さく，数 mV のノイズでも深刻なジッターが発生する可能性がある．同一回路基板上の他の回路で生じた電磁ノイズの影響を低減するレイアウト設計が求められる．

（3） 直流出力電圧のゆらぎ：出力コンデンサの等価直列抵抗（ESR），等価直列インダクタンス（ESL）などにより，DC 出力電圧精度が低下する可能性がある．ノイズ耐性と出力電圧リップルとはトレードオフの関

係にある。

（4） リップルベースの制御：降圧コンバータやフォワードコンバータなど，出力インダクタを備えたコンバータにのみ適用可能である。

付　　　録

A.　DCM モードの PWM スイッチのモデル

（1）　図 7.17 中の r_i, k_i の導出

式 (7.17) より，微小量どうしの積は小さいものとして省略する。

$$I_{in} + i_{in} = \frac{(D+\hat{d})^2(V_{in}-V_{out}+v_{in}-v_{out})}{2L}T_s \fallingdotseq \frac{(D^2+2D\hat{d})(V_{in}-V_{out}+v_{in}-v_{out})}{2L}T_s$$

$$\fallingdotseq \frac{D^2(V_{in}-V_{out})}{2L}T_s + \frac{D^2}{2L}T_s(v_{in}-v_{out}) + \frac{D(V_{in}-V_{out})}{L}T_s\hat{d}$$

したがって，変動量は次式となる。

$$i_{in} = \frac{D^2}{2L}T_s(v_{in}-v_{out}) + \frac{D(V_{in}-V_{out})}{L}T_s\hat{d} = \frac{v_{in}-v_{out}}{r_i} + k_i\hat{d}$$

$$\therefore \quad r_i = \frac{2L}{D^2T_s} \qquad k_i = \frac{D(V_{in}-V_{out})}{L}T_s = \frac{2(V_{in}-V_{out})}{Dr_i}$$

（2）　図 7.17 中の g_m, k_o, r_o の導出

式 (7.16) より

$$I_D = \frac{D^2T_s}{2L}\frac{(V_{in}-V_{out})^2}{V_{out}}$$

これに微小変動を入れると

$$I_D + i_d = \frac{(D+\hat{d})^2T_s}{2L}\frac{(V_{in}-V_{out}+v_{in}-v_{out})^2}{V_{out}+v_{out}}$$

$$\fallingdotseq \frac{(D^2+2D\hat{d})T_s}{2L}\frac{((V_{in}-V_{out})^2+2(V_{in}-V_{out})(v_{in}-v_{out}))}{V_{out}\left(1+\dfrac{v_{out}}{V_{out}}\right)}$$

$$\fallingdotseq \frac{D^2T_s(V_{in}-V_{out})^2}{2LV_{out}} + \frac{2D^2T_s(V_{in}-V_{out})}{2LV_{out}}(v_{in}-v_{out}) + \frac{2DT_s(V_{in}-V_{out})^2}{2LV_{out}}\hat{d}$$

$$- \frac{D^2T_s(V_{in}-V_{out})^2}{2LV_{out}}\frac{v_{in}-v_{out}}{V_{out}}$$

$$i_d = \frac{D^2T_s(V_{in}-V_{out})}{LV_{out}}v_{sl} + \frac{DT_s(V_{in}-V_{out})^2}{LV_{out}}\hat{d} - \frac{D^2T_s(V_{in}-V_{out})^2}{2LV_{out}}\frac{v_{in}-v_{out}}{V_{out}}$$

$$= g_{\mathrm{m}}(v_{\mathrm{in}} - v_{\mathrm{out}}) + k_{\mathrm{o}}\hat{d} - \frac{v_{\mathrm{in}} - v_{\mathrm{out}}}{r_{\mathrm{o}}}$$

上式より，式 (7.19) が導ける。

$$g_{\mathrm{m}} = \frac{D^2 T_{\mathrm{s}}(V_{\mathrm{in}} - V_{\mathrm{out}})}{L V_{\mathrm{out}}} = \frac{2(V_{\mathrm{in}} - V_{\mathrm{out}})}{V_{\mathrm{out}}}\frac{1}{r_{\mathrm{i}}}$$

$$k_{\mathrm{o}} = \frac{D T_{\mathrm{s}}(V_{\mathrm{in}} - V_{\mathrm{out}})^2}{L V_{\mathrm{out}}} = \frac{2(V_{\mathrm{in}} - V_{\mathrm{out}})^2}{D V_{\mathrm{out}}}\frac{1}{r_{\mathrm{i}}}$$

$$\frac{1}{r_{\mathrm{o}}} = \frac{D^2 T_{\mathrm{s}}(V_{\mathrm{in}} - V_{\mathrm{out}})^2}{2 L V_{\mathrm{out}}^2} = \frac{(V_{\mathrm{in}} - V_{\mathrm{out}})^2}{V_{\mathrm{out}}^2}\frac{1}{r_{\mathrm{i}}} \qquad \therefore \ \ r_{\mathrm{i}} = \frac{2L}{D^2 T_{\mathrm{s}}}$$

B. 適正に配置した零と極を持つループ補償回路の位相ブースト

（1） Type-2 ループ補償回路

式 (8.5) から式 (8.6) の導出は以下のとおりである。

$$\theta_{\mathrm{m, II}} = \tan^{-1}K - \tan^{-1}\frac{1}{K} \tag{1}$$

$\alpha = \tan^{-1}K, \ \beta = \tan^{-1}\dfrac{1}{K}$ として

$$\tan\theta_{\mathrm{m, max}} = \tan(\alpha - \beta) = \frac{\tan\alpha - \tan\beta}{1 + \tan\alpha\tan\beta} = \frac{K - \dfrac{1}{K}}{2}$$

$$K^2 - 2\tan\theta_{\mathrm{m, II}}\cdot K - 1 = 0$$

根の公式より

$$K = \frac{\sin\theta_{\mathrm{m, II}} + 1}{\cos\theta_{\mathrm{m, II}}} \tag{2}$$

（2） Type-3 ループ補償回路

式 (8.8) の導出は

$$\theta_{\mathrm{m, III}} = 2\left(\tan^{-1}\sqrt{K} - \tan^{-1}\frac{1}{\sqrt{K}}\right) \tag{1}$$

$$\rightarrow \quad \frac{\theta_{\mathrm{m, III}}}{2} = \tan^{-1}\sqrt{K} - \tan^{-1}\frac{1}{\sqrt{K}}$$

付録 B（1）の式 (1) において，$\theta_{\mathrm{m, III}}/2$ を $\theta_{\mathrm{m, II}}$ に，$\sqrt{K}$ を K に代入した結果

$$K = \left(\frac{\sin\dfrac{\theta_{\mathrm{m, II}}}{2} + 1}{\cos\dfrac{\theta_{\mathrm{m, II}}}{2}}\right)^2 \tag{2}$$

引用・参考文献

■制御工学の基礎（1～5章）に関するテキスト

1) 辻　峰男：自動制御の理論と応用，長崎大学学術研究成果レポジトリ（2015）；
https://nagasaki-u.repo.nii.ac.jp/records/4746（2024年4月1日現在）

2) K. Ogata: Modern Control Engineering, Prentice Hall（2010）

3) R. S. Burns: Advanced Control Engineering, Butterworth-Heinemann（2001）

■コンバータの制御（6～10章）に関する参考資料

4) B. Choi: DC-to-DC Power Conversion, IEEE Press（2013）

5) S, Kapat and P. T. Krein: "A tutorial and review discussion of modulation, control and tuning of high-performance DC-DC converters based on small-signal and large-signal approaches," IEEE Open J. Power Electron., 1（2020）

8章

6) W. H. Lei and T. K. Man: "A general approach for optimizing dynamic response for buck converter," Application Note ON Semiconductor

10章

7) R. B. Ridley: "A new continuous-time model for current-mode control," IEEE Trans. Power Electron., 6, 2, pp.271-280（1991）

8) J. Li: "Current mode control: Modeling and its digital application," Dissertation submitted to the Faculty of the Virginia Polytechnic Institute and State University（2009）

9) R. Sheehan: Understanding and Applying Current-Mode Control Theory, Literature No. SNVA555, Texas Instruments（2007）

11章

10) K. -Y. Hsu: Reduction of Parasitic Component Effect in Constant On-Time Control for Buck Converter with Multi-layer Ceramic Capacitors, National Chiao Tung

University, Degree of Master of Science (2012)

11) D. Skelton and R. Miftakhutdinov: "Hysteretic regulator and control method having switching frequency independent from the output filter," US Patent No. 6147478

12) Q. Mannes: "Study of a hysteretic regulator and switching frequency control applied to a low-power and high-speed buck converter," Thesis for the Degree of Master in Industrial Engineering Science (June 2015)

13) R. Redl: "Ripple-based control of switching regulators – An overview," IEEE Trans. Power Electron., **24**, 12, 2669 (2009)

練習問題解答

問題 2.1

(1)

(2)

(3)

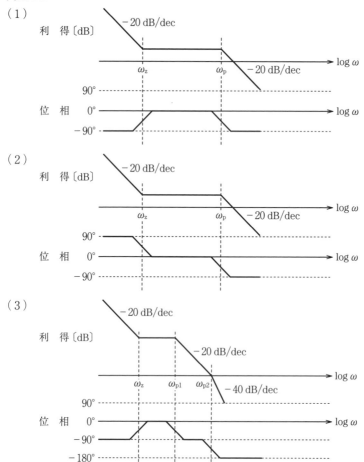

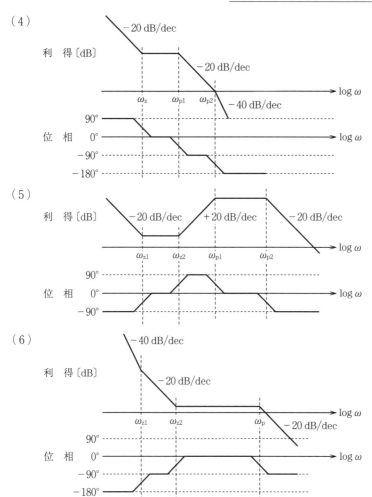

問題 2.2

(1)

(2)

(3)

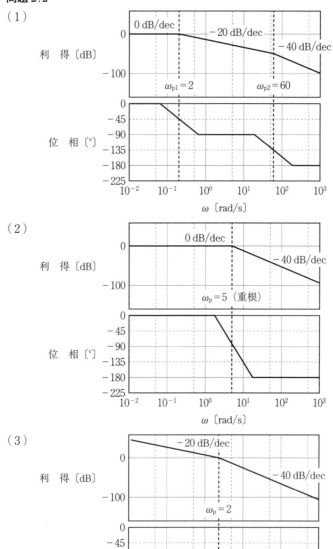

(4)

(5)

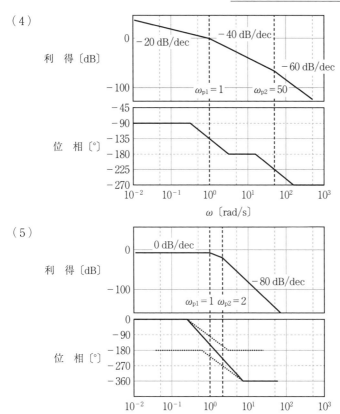

索　引

【い】

位相遅れ	13
位相線図	11
位相ブースト	136
位相余裕	37
インパルス	3

【お】

オペアンプ	141

【か】

外　乱	53
改良版ヒステリシス制御	196
開ループ伝達関数	26
重ね合わせの理	115
カレントトランス	176

【き】

規格化時定数	80
共振型コンバータ	74
共振周波数	20
極	2
極座標表記	13
極性反転コンバータ	74
極・零の相殺	150

【く】

グランドバウンス	197
クロスオーバー角周波数	32

【け】

計測ノイズ	52
ゲイン線図	11
限界感度法	68

【こ】

降圧コンバータ	74
合成伝達関数	27
交流解析	12
固定オン時間	183
古典制御	1
根軌跡法	54
コンスタントオンタイム制御	182

【さ】

最終値定理	48
サブハーモニック発振現象	172

【し】

自然角周波数	3
ジッタ	197
時定数	2
支配極	8
出力インピーダンス	153
昇圧コンバータ	74
小信号等価回路	105
小信号モデル	104
振幅利得	13

【す】

スイッチングノイズ	197
スロープ補償	169

【せ】

正帰還	32
制御装置	1

積層セラミックコンデンサ	117
絶縁型コンバータ	93
セトリング時間	4
ゼロ次ホールド	172

【た】

耐ノイズ性能	185
単位ステップ電圧	2

【ち】

直流利得	149

【つ】

追随性	46

【て】

抵抗性リップル	192
デューティ比	133, 148
デューティ比・出力伝達関数	115
電圧誤差アンプ	180
電圧制御電流源	141
電圧モード制御	146
電荷保存則	79
伝達関数	1
電流モード制御	146
電流リップル	76
電力変換効率	99

【と】

特性方程式	33

【な】

ナイキストの安定判別法	26

索 引 209

【に】

二重帰還ループ 158
二自由度制御系 53
入出力伝達関数 107

【は】

ハウリング 32
パワー段 104
バンドギャップ参照電源 147

【ひ】

非共振型コンバータ 73
ピーク電流モード制御回路 167
ヒステリシス制御 191
被制御システム 1
非絶縁型コンバータ 73

【ふ】

フィードバック 26

フォワードコンバータ 93
負帰還 26
フライバックコンバータ 93
ブランキング 177
不連続動作モード 74
ブロック線図 27

【へ】

平均電流モード制御回路 178
閉ループ伝達関数 26
ベクトル軌跡 13
偏角 15
偏差 32

【ほ】

ボード線図 11

【む】

無駄時間遅れ 173

【よ】

容量性リップル 192

【ら】

ラウスの安定判別法 33

【り】

力率改善回路 180
理想トランス 93
リップル検出回路 185
リップルベース制御 182
臨界動作モード 76

【る】

ループ補償 40
ループ補償回路 41

【れ】

励磁インダクタンス 93
連続動作モード 74

【A】

ampere-second balance 84

【B】

boost コンバータ 74
buck/boost コンバータ 74
buck コンバータ 74

【C】

COT 182

【I】

I 制御 67

【P】

Pade 近似 173
PD 制御 67
PID 制御 66
PI 制御 67
PWM 116, 148
PWM スイッチ 121
P 制御 67

【T】

Type-1 の伝達関数 136
Type-2 のループ補償回路 136
Type-3 のループ補償回路 135

【V】

volt-second balance 84

【Z】

ZOH 172

──── 著 者 略 歴 ────

1971 年	大阪大学工学部電子工学科卒業
1973 年	大阪大学大学院工学研究科修士課程修了（電子工学専攻）
1975 年	東京芝浦電気株式会社（現　株式会社東芝）総合研究所
1982 年	東京芝浦電気株式会社（現　株式会社東芝）超 LSI 研究所
1986 年	工学博士（大阪大学）
1986 年	大阪大学大学院工学研究科助教授
1996 年	大阪大学大学院工学研究科教授
2011 年	大阪大学名誉教授
2011 年	奈良工業高等専門学校校長（〜2016 年 3 月まで）
2016 年	大阪大学大学院工学研究科特任教授（〜2020 年 3 月まで）
2020 年	一般社団法人大阪大学工業会　パワエレ技術者塾長
	現在に至る

基礎から学ぶ制御工学と基本コンバータ回路
Introduction to Control Engineering and Basic Converter Circuits

　　　　　　　　　　　　　　　　　　　　　　　　Ⓒ Kenji Taniguchi 2024

2024 年 9 月 30 日　初版第 1 刷発行　　　　　　　　　　　　　　　　★

検印省略

著　者　　谷　口　研　二（たに　ぐち　けん　じ）
発行者　　株式会社　　コ ロ ナ 社
　　　　　代表者　　牛来真也
印刷所　　新日本印刷株式会社
製本所　　有限会社　　愛千製本所

112-0011　東京都文京区千石 4-46-10
発行所　　株式会社　コ ロ ナ 社
CORONA PUBLISHING CO., LTD.
Tokyo Japan
振替00140-8-14844・電話(03)3941-3131(代)
ホームページ　https://www.coronasha.co.jp

ISBN 978-4-339-01453-2　C3354　Printed in Japan　　　　　　　（大井）

＜出版者著作権管理機構 委託出版物＞
本書の無断複製は著作権法上での例外を除き禁じられています。複製される場合は、そのつど事前に、出版者著作権管理機構（電話 03-5244-5088, FAX 03-5244-5089, e-mail: info@jcopy.or.jp）の許諾を得てください。

本書のコピー、スキャン、デジタル化等の無断複製・転載は著作権法上での例外を除き禁じられています。購入者以外の第三者による本書の電子データ化及び電子書籍化は、いかなる場合も認めていません。
落丁・乱丁はお取替えいたします。

システム制御工学シリーズ

(各巻A5判，欠番は品切です)

■編集委員長　池田雅夫
■編　集　委　員　足立修一・梶原宏之・杉江俊治・藤田政之

配本順		著者	頁	本体
2.（1回）	信号とダイナミカルシステム	足立修一著	216	2800円
3.（3回）	フィードバック制御入門	杉江俊治／藤田政之共著	236	3000円
4.（6回）	線形システム制御入門	梶原宏之著	200	2500円
6.（17回）	システム制御工学演習	杉江俊治／梶原宏之共著	272	3400円
7.（7回）	システム制御のための数学（1） ―線形代数編―	太田快人著	266	3800円
8.（23回）	システム制御のための数学（2） ―関数解析編―	太田快人著	288	3900円
9.（12回）	多変数システム制御	池田雅夫／藤崎泰正共著	188	2400円
10.（22回）	適応制御	宮里義彦著	248	3400円
11.（21回）	実践ロバスト制御	平田光男著	228	3100円
12.（8回）	システム制御のための安定論	井村順一著	250	3200円
13.（5回）	スペースクラフトの制御	木田隆著	192	2400円
14.（9回）	プロセス制御システム	大嶋正裕著	206	2600円
15.（10回）	状態推定の理論	内田健康／山中一雄共著	176	2200円
16.（11回）	むだ時間・分布定数系の制御	阿部直人／児島晃共著	204	2600円
17.（13回）	システム動力学と振動制御	野波健蔵著	208	2800円
18.（14回）	非線形最適制御入門	大塚敏之著	232	3000円
19.（15回）	線形システム解析	汐月哲夫著	240	3000円
20.（16回）	ハイブリッドシステムの制御	井村順一／東俊一／増淵泉共著	238	3000円
21.（18回）	システム制御のための最適化理論	延山英沢／瀬部昇共著	272	3400円
22.（19回）	マルチエージェントシステムの制御	東俊一／永原正章編著	232	3000円
23.（20回）	行列不等式アプローチによる制御系設計	小原敦美著	264	3500円

定価は本体価格＋税です。
定価は変更されることがありますのでご了承下さい。

図書目録進呈◆

シリーズ 基礎から学ぶ
スイッチング電源回路とその応用

(各巻A5判)

パワーエレクトロニクス（パワエレ）の要であるスイッチング電源回路は，組み込まれている部品の種類（半導体スイッチ，コイル，コンデンサ，トランス，制御IC など）が多種多様であるため，パワエレ技術者には電気回路，半導体デバイス工学，制御理論，電子回路，熱伝導工学，実装技術，電磁気学など多岐にわたる知識が必要となる。ところが，わが国の大学ではそれぞれの学問分野に特化した専門教育が行われており，企業の技術者が直面する学問分野横断的な問題を解決するには必ずしも十分ではなかった。そこで，双方のギャップを埋める橋渡し教材として本シリーズが企画された。本シリーズ各巻は「各種の技術分野で発現する現象は，基礎原理まで立ち戻ると類似の物理的イメージに集約されて，分野横断的に取り扱い可能」という考えの下で作成されている。

シ リ ー ズ 構 成

配本順			頁	本 体
1.（2回）	基礎から学ぶ電気回路と電子回路	谷 口 研 二著	220	3400円
2.（3回）	基礎から学ぶ スイッチング電源の要素デバイス —パワー半導体デバイス，コンデンサ，インダクタ—	谷 口 研 二著	238	3800円
3.（4回）	基礎から学ぶ 制御工学と基本コンバータ回路	谷 口 研 二著	222	3500円
4.（1回）	基礎から学ぶ コンバータ回路におけるEMI対策	谷 口 研 二著	198	3100円
5.	コンバータ回路の応用 —力率改善回路，LLC回路，PSFB回路，OBC回路—	谷 口 研 二著		
6.	インバータ回路とモータの制御	谷 口 研 二著		

定価は本体価格+税です。
定価は変更されることがありますのでご了承下さい。

図書目録進呈◆